D1620263

Für Diego und Blanca

Maritza Bensien

Es war einmal ein Kosmoneuron

MEDiumBAU Verlag

Vorwort

Es war einmal ein Kosmoneuron.

Was aber ist ein Kosmoneuron?
Wissenschaftler können darüber streiten, wichtig ist aber nicht die wissenschaftliche Definition, sondern, daß die Leute, denen vom Kosmoneuron erzählt wird, etwas von der kosmoneuronischen Innenwelt der Erzählerin sehen und verstehen.
Es handelt sich tatsächlich um eine Erzählung über Mikro- und Makrowelten. Eine Erzählung, die, obwohl sie aus wissenschaftlichem Vokabular besteht, eine Kindererzählung ist. Nicht weil nur die Kinder sie verstehen können, sondern weil das Kind, das jedem von uns innewohnt, angesprochen wird. Und zwar nicht mit Worten, die aus der harten Wissenschaft kommen, sondern auf die einzige Art und Weise, wie „das Kind in uns" sie verstehen kann: Mit Beispielen, Bildern und vor allem mit Poesie.
Das Wort Poesie ist hier sehr ernst gemeint. Auch wenn Poesie tausendfach definiert wurde, ist zumindest sicher, daß es ohne metaphorische Spannung zwischen Begriffen und Dingen keine Poesie geben kann. Gäbe es aber eine absolute Entsprechung zwischen Begriffen und Dingen, dann stünden wir nicht nur ausserhalb der Poesie, sondern wir befänden uns in einer verworfenen, eingeschlossenen, materialistischen, rationalistischen und sehr dummen Welt. Die Autorin weiß das. Sie kommt wirklich aus einer Welt, in der die Begriffe die Realität (oder die Natur) noch nicht völlig aufgesogen haben. Unter den wissenschaftlichen Worten der Erzählung fließen Flüsse, hört man noch das Geräusch der Blätter, die Phantasie des Windes und die Stimme eines kleinen Kindes, das voller Staunen versucht, die Welt in seinen kleinen Händchen zu fassen.

Es war einmal ein Kosmoneuron.
Zu finden ist es in den Galaxien, in der Sonne, in den kleinen Sternchen des Gehirns, auf der Erde, in deinen Adern, in deiner Stimme, im All und in deiner Seele und nicht zuletzt in einer poetischen Beziehung zwischen dem Ich, dem Ganzen und dem Du.
Maritza Bensien hat uns einen Traum als Geschenk gebracht, in Wissenschaftsblätter gewickelt. Darin finden wir einen kleinen Koffer. In diesem Koffer finden wir

Flüsse, Zellen und Geschichten und nicht zu vergessen, ein Kosmoneuron – oder was fast dasselbe ist, die Stimme eines kleinen Mädchens, das sich plötzlich wagt, die Helligkeit, die aus dem Wunder des Lebens entsteht, zu sehen.

Fernando Mires

Hora inmensa S. 115
In Antología poética de Juan Ramón Jiménez
Editorial Biblioteca Nueva
Almagro, 38, Madrid (Espana)
02.02.MCMLXXI

Hora Inmensa

Nur eine Glocke und ein Vogel durchbrechen die Stille...
Es scheint, die beiden plaudern mit der sinkenden Sonne.
Goldenfarbenes Schweigen, Nachmittag aus Kristallen geschaffen.
Eine wehende Reinheit wiegt die Bäume,
und jenseits all dessen
träumt ein durchsichtiger Fluß, er werde
Perlen zertrampelnd
sich losreißen
und in die Unendlichkeit fließen.

Einleitung

Dieses Buch ist mein Versuch, als Halbindianerin den großen Geist wissenschaftlich zu erklären.

Im Laufe der Menschheitsgeschichte versuchten Gelehrte, den Besitz der absoluten Wahrheit in Anspruch zu nehmen. Eine Wahrheit, die sich nicht so schnell binden läßt, weil sie als Ausdruck der menschlichen Realität, alle Bereiche des Geistes erfaßt. Heute, in der Zeit der Globalisierung und der weltweiten Vernetzung vor allem durch den Computer, haben wir die Chance, unsere Ansichten zu bereichern, um allmählich das Ganze zu verstehen. Leider hat die Globalisierung mehr mit Machtmonopolen im politischen und im sozialen Sinne zu tun, als mit dem Wunsch die Steuerung unserer Zivilisation endlich verantwortungsvoll zu übernehmen und damit Lösungen für die globalen Probleme zu finden. Deswegen ist es notwendig, das globale Bewußtsein erst in einen bestimmten Rahmen einzubringen, um ein besseres Verständnis für die Funktionsweise unserer Natur zu erzielen und Machtansprüchen entgegen zu wirken.

Aus diesem Grund habe ich mir als Aufgabe und Beitrag für die Allgemeinheit dieses Buch gedacht: Wie schon erwähnt, als Halbindianerin, die aus einem Entwicklungsland kommt und ihren Ursprung nicht vergisst; als Fremde in einem Industrieland, das mir so eigen geworden ist, als Wissenschaftlerin auf der ewigen Suche nach Wissen und ganz einfach als Frau mit einer neuen globalen Betrachtungsweise, die nicht nur das Rationale, sondern auch das Intuitive und damit das nicht wissenschaftlich Ergründbare einbezieht.

Als ich mich entschied, über das Thema zu schreiben, dachte ich an ein rein wissenschaftliches Buch über ein theoretisches globales Gehirn. Die Idee gab ich schnell auf, weil ich in diesem Fall nur einen Bereich der menschlichen Realität in Betracht ziehen würde. Mein Anliegen ist aber gerade der Versuch, das Ganze zu erfassen, um es vollständig, das heißt, nicht nur rational, sondern auch intuitiv zu verstehen.

Genauer beschrieben, geht es hier um den Vergleich zwischen einem theoretischen globalen Gehirn, das ich als das Geogehirn bezeichne, und dem menschlichen Gehirn, das von mir genannte Anthrogehirn. Beide befinden sich innerhalb einer unendlich geschichteten Realität, die es erlaubt, an weitere neurale Einheiten in verschiedenen Dimensionsgrößen zu denken, sowohl im Makro- als auch im Mikrokosmos. Das Geogehirn unserer Mutter Erde ist eine kleine Einheit innerhalb eines universellen Gehirns: Das Kosmogehirn, das aus Billionen von Kosmoneuronen, den universellen Nervenzellen besteht.

Abhängig von der Bewußtseinsebene, in der die LeserInnen sich befinden, wird dieses Buch verstanden. Wenn der Leser sich im Laufe seines Lebens mit existentiellen Fragen auseinandergesetzt hat und sich mit Vorgängen in der Natur beschäftigt hat, wird er oder sie in der Lage sein, viel zu begreifen.

„Mein Ziel ist aber der Weg".

In diesem Sinne bedeutet es, daß in dem Prozeß des Verstehens die LeserInnen durch Gleichnisse zwischen Dimensionsebenen, Dimensionsgrößen, und Dimensionen hin- und herspringen lernen, um die Dreidimensionalität in den Gedanken intensiver und genauer wahrzunehmen. So entsteht im Gehirn als Realität ein vollständigeres dreidimensionales Gebilde. Die Realität wird dadurch global erfaßt.

Meine Gedanken habe ich in eine Geschichte eingebunden, in ein Märchen vor allem für Erwachsene. Ich erzähle von der Entstehung des Universums bis zum Tod eines menschlichen Wesens und im letzten Kapitel erzähle ich meine eigene Geschichte als Beispiel für die Entwicklung eines Kosmoneurons. Ich benutze zum Teil eine wissenschaftliche Fachsprache, aber versuche auch die Grenzen des Wissenschaftlichen zu überschreiten, in dem ich auch die symbolische Sprache anwende, die Urvölker schon benutzt haben, um sich auszudrücken. So pendele ich zwischen der Fach- und der symbolischen Sprache und auch zwischen Prosa und Vers.

Für ein besseres Verständnis steht eine Erklärung der symbolischen Sprache in einem Anhang am Ende des Buches zur Verfügung.

In einem zweiten Anhang mache ich eine Zusammenfassung meiner wissenschaftlichen Hypothesen.

Das Buch habe ich mit einigen selbstgemalten Bildern illustriert, um einen anderen Aspekt meiner Ideen zu zeigen, nämlich den Künstlerischen. Ich habe diese Bilder auch gemalt, weil wir Menschen doch Kinder dieser Mutter Erde sind und gerne Bücher mit Bildern zum Lesen bevorzugen. Es handelt sich eben um ein Märchen, das von einer phantasiereichen Indianerin erzählt wird!

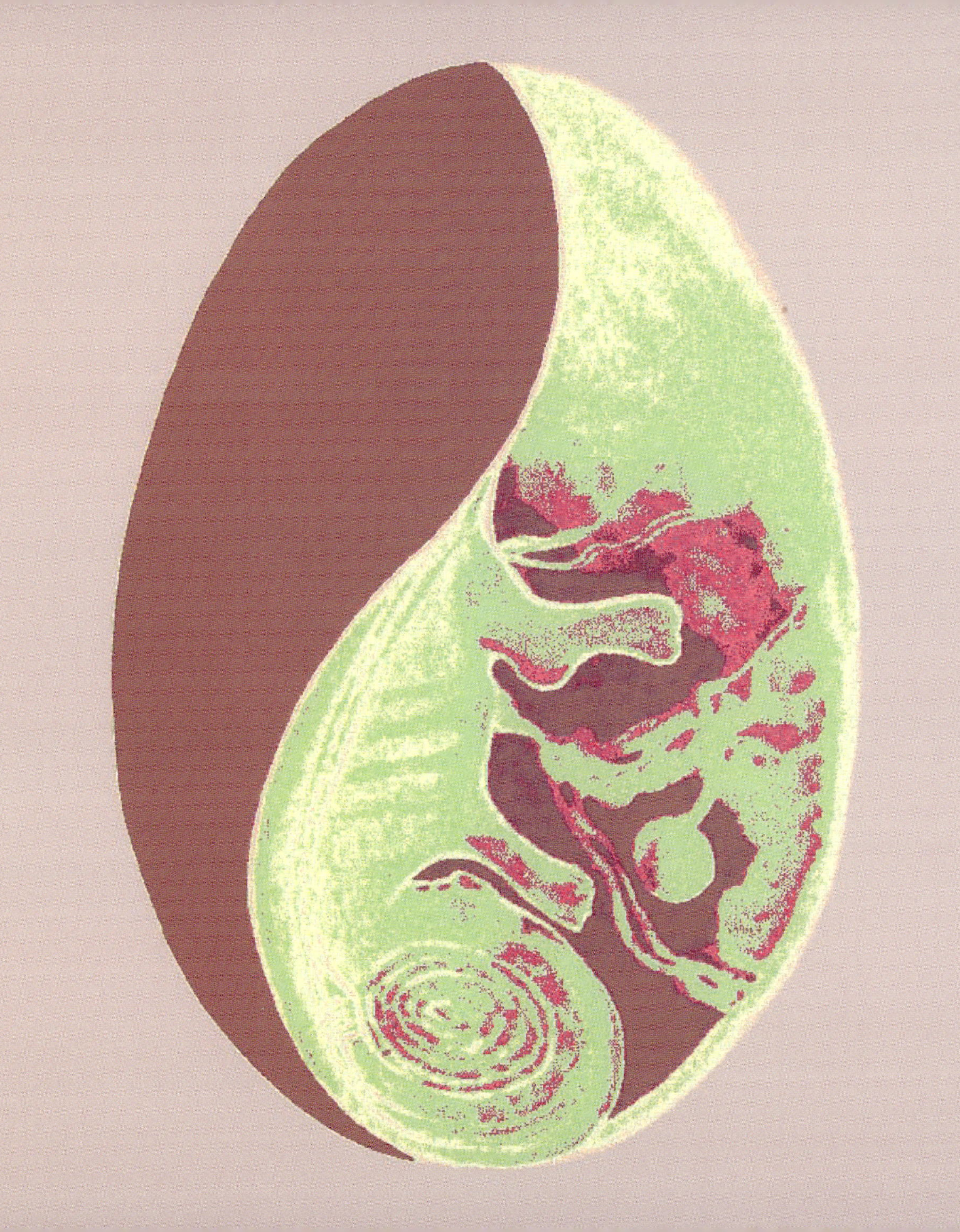

Es war einmal ein Kosmoneuron

Das Kosmogehirn: Entstehung und Entwicklung

Urknall und Bildung der Galaxien

Es war einmal ein Kosmoneuron, das Raum und Zeit, Dunkelheit und Licht, Energie und Materie, Leben und Tod, Ideen und Worte enthielt. Es enthielt Bewußtsein und Milliarden von Kosmogehirnen; sowie eine unbegrenzte Anzahl von Dimensionen. Es enthielt das Ganze und das Einzelne. Es war ein unbeweglicher und unendlich kleiner Punkt, als die Nulldimensionalität herrschte, das allerkleinste schwarzes Loch, ein Fraktal, eine Idee, eine These.

Vor langer, langer Zeit, kurz nachdem die Schwerkraft ihren Höchstwert erreichte: die absolute Bewegungslosigkeit der Nulldimensionalität, explodierte das Kosmoneuron, es dehnte sich aus, das Ganze wurde freigesetzt. Die Eindimensionalität manifestierte sich augenblicklich wieder, als der unbewegliche kleine Punkt sich in eine Richtung bewegte. Als nächstes entstanden Energiepartikel, die in alle Richtungen geschleudert wurden. Viele Energiepartikel fanden einen Partner; sie stießen zusammen und erschufen in der Dualität durch ihre orgasmische Vereinigung neue Materie. All das geschah, als das Bewußtsein sich zum ersten Mal manifestierte und das Ganze noch nicht Universum hieß.

Durch die explosive Bewegung und die innenwohnende Anziehungskraft bildeten sich größere Einheiten, die Kosmogehirne, die in einer anderen Dimensionsgröße selbst Kosmoneuronen waren. Erst waren sie Ansammlungen von Staub, Wolken, die vielleicht wie Maulbeeren aussahen, später entstanden Streifen, die sich nach und nach einrollten und flache Spiralen bildeten. Sie wurden zahlreicher und jedes bestand aus einem Teil des Ganzen und enthielt das Ganze, mit kleinen Veränderungen.

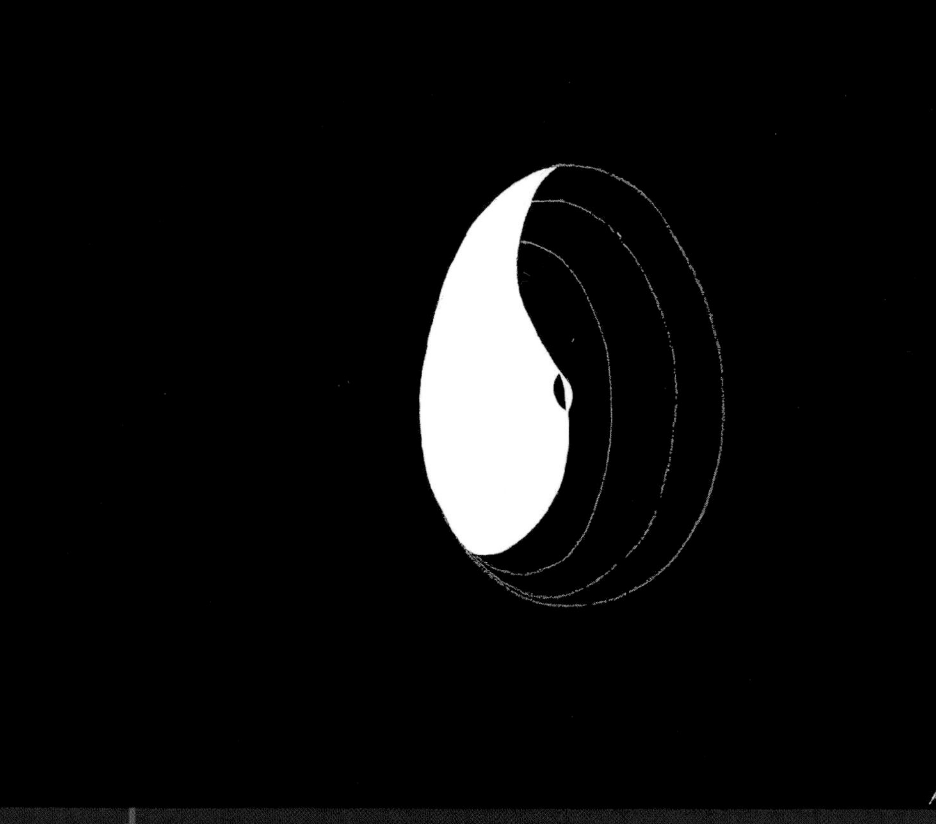
Mantra Juli 2000

Diese Kosmogehirne enthielten Raum und Zeit, Dunkelheit und Licht, Energie und Materie, Leben und Tod, Ideen und Worte. Sie hießen Galaxien, als das Bewußtsein sich in Form von teleskopischem Sehen weiter entwickelte. Die Galaxien besaßen als Zentrum das Nichts, Energie pur, Bewußtsein, Vergangenheit und Zukunft. Sie hatten eine Gestalt und mehr Raum zwischen ihren Teilen, auch der Raum zwischen ihnen wurde größer. Sie waren gar keine reine Idee mehr.

Die Kosmogehirne bestanden aus kleineren Einheiten, die auch Kosmoneuronen waren und Sonnensysteme hießen, als das Wissen astronomisch wurde. Die Sonnensysteme enthielten wiederum das Ganze und ein Teil des Ganzen mit einer großen Veränderung. Sie spiegelten die Vergangenheit und die Zukunft der Kosmogehirne wieder.

Das Sonnensystem

Es war einmal ein Kosmoneuron, das „Sonnensystem" als Namen bekam, als das innenwohnende Bewußtsein sich durch das Wort manifestierte. Es besaß als Zentrum einen Stern, einen Teil der kosmischen Seele, die Energie pur, das Bewußtsein, und zwölf Planeten, die verschiedene Aspekte des Ganzen widerspiegelten und das Ganze in sich mit größeren Veränderungen enthielten.

Das Sonnensystem, das ein Organismus war, entstand aus einer Gaswolke, die sich wie eine Schlange über den Raum erstreckte, bis sie sich allmählich einrollte und kugelförmig wurde. Als das Gleichgewicht zwischen der Fliehkraft und der Schwerkraft erreicht wurde, wurde die Sonne geboren. Sie blieb noch gasförmig, weil sie zu einer höheren Dimensionsebene gehörte. In anderen Dimensionsebenen war das Sonnensystem selbst ein Atom dieses Universums, das sich im Koloidzustand befand.

Das Gleichgewicht wurde erreicht, bevor die ganze vorhandene Masse für die Bildung der Sonne verbraucht wurde. Aus diesem Grund hing an der Sonne noch ein Rest der Gaswolke. Durch die in höheren Dimensionebenen allgegenwärtigen Fliehkraft und Schwerkraft, löste sich diese restliche Gaswolke allmählich ab, und nahm die Form eines linsenförmi-

gen Streifens an, der sich nicht mehr einrollen konnte.
Als die linsenförmige Gaswolke sich aufgrund der herrschende Geschwindigkeit teilte, entstanden elf Teilgaswolken, die sowohl in der Zusammensetzung als auch in der Größe unterschiedlich und jeweils abhängig von der Lage waren, in der sie sich befanden. Im Laufe der Zeit entwickelten die Teilgaswolken eigene Geschwindigkeiten in der Umlaufbahn um die Sonne, und die Planeten bildeten sich allmählich. Das innenwohnende Prinzip des Zusammenhalts, das die Dreidimensionalität auf der Planetenebene ermöglichte, manifestierte sich wieder.
Es war auch die Flieh- und die Schwerkraft, die das Erscheinen der vier Zustände unserer Realität: Gas-, Flüssig-, Fest- und Plasmazustand, verursachte. Die ersten drei Zustände zeigten sich waagerecht in der Aufteilung der Planeten von außen nach innen und senkrecht im Bau dergleichen. Den letzten Zustand fand man nur bei noch höheren Temperaturen in der Sonne.
Satelliten entstanden entweder durch die gleichen Prinzipien, wie diejenigen in höheren Dimensionsebenen oder durch die Katastrophen, die das Sonnensystem heimsuchten: die Zusammenstöße zwischen Planeten oder zwischen Planeten und Asteroiden.
Als zwei von den Planeten des Sonnensystems, die Makroeizellen waren, die höchste Stufe des flüssigen Zustandes erreichten, wurden sie von Kometen befruchtet. Die Letzten waren Reisende im Universum, die Vertreter der biochemischen Vergangenheit, die Viren trugen. Venus, dagegen hatte diese Stufe nicht erreicht. Trotz ihrer erotischen Ausstrahlung, war sie noch so jung und ihre Temperatur war noch zu hoch, als die meisten Makrospermien kamen. Deswegen wurde sie nicht befruchtet.
Das ganze Sonnensystem war in einer anderen Dimensionsebene selbst eine flache Makrozelle in der Außenhülle des Organismus Milchstraße, unserer Galaxis. Als Makrozelle besaß das Sonnensystem ein Makromitochondrium, das den mythologischen Namen Jupiter bekam, als das Wissen astronomischer wurde. Jupiter und auch die anderen Gasplaneten waren Makrophagen, die die für das Leben und das Bewußtsein gefährlichen Reisende des Weltalls verschluckten.
Es gab einen Planeten, der Diomedes hieß, als das Bewußtsein mythologischer wurde. Er befand sich zwischen Mars und Jupiter und kollidierte mit einem Asteroiden. Wegen der Anziehungskraft von Jupiter war seine Umlaufbahn sehr unregelmäßig. Es war der Kampf aufs Leben und Tod

gegen Mars, um eine ausgeglichenere Umlaufbahn zu finden, aber Mars hatte mehr Kraft, das heißt festere Masse; der gasflüssige Planet besaß nur einen festen Kern.
Der Asteroid, ein Botschafter des Todes gab Diomedes den Gnadenstoß, als die Erde, der Sitz des Geistes, den Asteroiden in seine Richtung ablenkte. Er wurde zerstört und seine Teile sind heute ein Schutzring für die Muttererde, aber durch die Explosion verlor Mars auch an Masse, das meiste Wasser, fast das Leben, und seinen Nachwuchs oder Satelliten. Von ihnen blieben nur Reste und die Kernoberfläche des Wasserplaneten Mars oxydierte. Die Explosion ließ aber auch das Haus der Götter entstehen, das Olympus hieß. Es war eine Katastrophe, ein explosiver Schrei, der Tod und Leben hervorrief.
Es gab noch zwei Kosmoneuronen im Makroorganismus Sonnensystem, der ein Kosmoneuron war und ein Geogehirn enthielt. Es waren die zwei weitentferntesten Himmelskörper im Sonnensystem. Der eine gehörte ursprünglich nicht dazu, er war ein Reisender, der eingefangen wurde; der andere war der letzte Planet des Sonnensystems. Beide prallten zusammen, weil ihre Laufbahnen sehr abgewichen und instabil waren. Durch den explosiven Zusammenprall verlor Pluto auch an fester Masse, seine Gashülle und fast alle seine Satelliten. So geriet der Herr der Unterwelt in die schiefe Bahn. Von den weitentferntesten Planeten blieben nur die Reste, die den ersten Schutzring der Makrozelle Sonnensystem bilden. Der Ring hieß Kuiper-Gürtel als der astronomische Sinn etwas enger wurde.
Ganz am Rande des Sonnensystems befand sich ein Schwarm von Makrospermien. Diese Botschafter der biochemischen Welt reisen durch das Universum, um das Leben zu verpflanzen, wenn die Planeten die Wasserstufe der Zweidimensionalität erreichen. Der Name des Schwarms war Oortsche-Wolke, als die reizvolle Vereinigung der Dualität wieder himmlisch wurde.
Es war einmal ein Kosmoneuron, das das Ganze und ein Teil des Ganzen enthielt, es hieß Erde als das Wort Fleisch wurde. Es hieß Ma, Gaia, Rhea, Mutter-Erde, Mutter-Natur, Pachamama und so fort, als rationale Geoneuronen neue Verbindungen mit anderen gleichgesinnten Geoneuronen eingingen.
Die Erde entstand, wie die Sonne und die anderen Planeten, aus den Resten einer Gaswolke, die sich mit großer Geschwindigkeit bewegte und die das Prinzip des Zusammenhalts in sich trug. Je kleiner die Geschwindigkeit der explosiven Bewegung im Laufe der Zeit wurde, desto in-

tensiver zeigte sich die Wirkung der Schwerkraft, was zur Folge hatte, daß eine Zusammenballung von Masse bis zu einem bestimmten Punkt stattfand. Es war ein Gesetz, das alle Dimensionsebenen bestimmt und sich zuerst in den höheren manifestierte.

So wurde die Erde erst zu einer schlangenförmigen Ansammlung von Staub, mit viel Raum zwischen den Partikeln, danach ordnete sie sich halbspiralisch. Ihr Zentrum wurde fester und außen wurde sie allmählich flüssig. Von der Eindimensionalität des Gases, ging sie in die Zweidimensionalität des Flüssigen und erreichte die Dreidimensionalität in ihrem Zentrum. Sie wuchs, weil sie wie ein Magnet funktionierte und enthielt alle Zustände, aber wird innen und außen durch nur einen charakterisiert, dem Flüssigen in seiner höchsten und reinsten Erscheinungsform, dem Wasserzustand, dem Zustand des Lebens.

Eines Tages, als die Mutter-Erde erwachsener und etwas fester wurde, wurde sie von einem Asteroiden befruchtet, der Makrospermium hieß, als das Bewußtsein weiter wuchs. Mutter-Erde gebar ein weibliches Wesen. Man nannte sie Luna, als der rationale Teil des Geogehirns, der Mensch, zum Himmel sah und das Bewußtsein sich in Worten manifestierte. Aus der Befruchtung blieben zwei tiefe Narben in der Erde zurück, die von innen heraus zum großen Teil ausgefüllt wurde. Die Erde selbst wurde dadurch kleiner. Auf der dazugehörigen Dimensionsebene verwandelte sich die Eindimensionalität durch diese Befruchtung in die Zweidimensionalität.

Als Luna auch erwachsen war und als es sich in ihrer Umlaufbahn stabilisierte, übernahm sie die Steuerung der funktionellen Lebensvorgänge. Die Fortpflanzung des Bewußtseins, das heißt Leben zu ermöglichen, wurde von Mutter-Erde übernommen, weil das Ganze und ein Teil des Ganzen: „Unsere dreidimensionale Realität", einen Spiegel braucht um sich wahrnehmen zu können.

Die Erde wurde noch fester

Es war einmal ein Kosmoneuron, das in die Dreidimensionalität einging, als es fester wurde. Das dickflüssige Material auf der Oberfläche der Erde wurde durch die Kälte des Weltalls zu einer Kruste. Erst bildeten sich vereinzelte flache Klumpen, die immer größer und dicker wurden. Sie verbanden sich miteinander, bis sie viele Mosaiken formten. Zwischen die Spalten der einzelnen Mosaiken, drangen die Ausläufer der Zweidimensionalität, die Wasser enthielten. Der entstandene Wasserdampf wurde vom Blut der Erde ausgeschieden und hieß Lymphe, als das Wort sich medizinisch zeigte.

Das Kosmoneuron, das ein Organismus war und Erde genannt wurde, besaß einen Blutkreislauf. Das Erdblut bekam den Namen Magma und sein Kreislauf hieß Konvektionsströme, als das Bewußtsein sich geologisch manifestierte. Die Eisenkristallisation im Erdkern hielt es im Gang. Das Erdblut wurde in einer anderen Dimensionsebene Zytoplasma genannt, als die Wissenschaft biologisch wurde und ein irrational gewordenes Geoneuron Ähnlichkeiten zwischen den Dimensionsebenen feststellte.

Als Organismus besaß die Erde alle Eigenschaften des Lebens: Atmung, Kreislauf, Bewegung, Verdauung, Fortpflanzung und ein Steuerungssystem, das Geogehirn hieß, als das individuelle Bewußtsein sich weiter entwickelte.

Das Außengerüst der Makrozelle Erde wurde aus Kalciumcarbonat und Siliciumdioxid gebildet, unter anderen durch die Einwirkung von einer unzähligen Menge an Geozellen, die Tiere, Pflanzen und Einzeller hießen, als diese Namen noch nicht ganz zoologisch waren. In einer weiteren Dimension wurde das ganze Gerüst Geoskelett genannt, nachdem die Verknotungen Gebirgsketten formten.

Das Geogehirn: Entstehung und Entwicklung

Die Makroeizelle Erde wurde befruchtet

Es war einmal ein Kosmoneuron, das Erde hieß, ein Organismus war und ein Steuerungssystem besaß, das von einem irrationalen Geoneuron erkannt wurde, als Es das Ganze wahrnahm, nachdem Es eine andere Dimensionsebene betrat.

Auf der biologischen Ebene befand sich das Steuerungssystem, das ein Nervensystem darstellte, noch in den Anfängen. Auf dieser neuen Dimensionsebene wurde Mutter-Erde erst von einem riesigen Kometen befruchtet, der gut geschützt im Wassereis die ersten lebensspendenden Kosmoneuronen trug.

Der riesige Komet, der auch ein Makrospermium war, vereinigte sich mit der Makroeizelle Erde um den Übergang von der chemischen in die biologische Welt zu ermöglichen. Die lebensspendenden Kosmoneuronen, die der Komet mittrug hießen Viren, als der Mensch das Elektronenmikroskop erfand. Mutter Erde stellte für die Befruchtung organisches Material, das in der Ursuppe war, zur Verfügung. Dieses organische Material nahm die Form einfacher Kugeln an; die allerkleinsten organischen Einheiten, die es gab und Ureier hießen. So gebar Gaia in einer anderen Dimensionsebene, das heißt in einer anderen Raum-Zeitebene, das Leben.

Die Urspermien behielten die Vergangenheit in sich, den unbelebten Teil, die chemische Welt. Sie hatten die Funktion, die Vergangenheit in die unbewegliche Gegenwart eines Ureis aus organischem Material einzugliedern, um das ganze System in die Zukunft zu bewegen. Sie ermöglichten dem geschlossenen Ei einen Stoffwechsel mit der Umgebung.

Nach der Befruchtung fanden bedeutende chemische Veränderungen auf der Erdoberfläche statt. Der Eintritt des riesigen Kometen änderte die Zusammensetzung der Uratmosphäre: Das Wasser, das der Komet trug, verdampfte sofort und viel Material der Erde wurde aus der Ursuppe in die Atmosphäre hingeschleudert.

Die Erde verdunkelte sich, aber es wurde nur etwas kälter, weil das Innere der Erde immer noch viel Wärme ausstrahlte. Ein Treibhauseffekt war die Folge. Elektrische Entladungen, die die Kraft des Lebens hie-

ßen, umkreisten die Erdoberfläche. Aus den Spalten der Erdschollen wurde neues Wasser filtriert, da Wasser mehr Wasser anzieht; es verdampfte und verursachte ungeheure Gewitter, die wiederum neue elektrische Entladungen verursachten.

So wurde der Erde viel Wärme entzogen, es wurde kälter. Das Wasser kondensierte, fiel als Regen, verdampfte von Neuem oder mischte sich mit der Ursuppe. Aus dem durch elektrische Entladungen entstandenen organischen Material, bildeten sich immer neue Kugeln, die sich gegenüber dem Wasser abgrenzten. Die Viren, die von dem riesigen und von anderen später abgestürzten Kometen gespendet waren, wurden durch Hitze nicht mehr zerstört, sie drangen in die organische Kugel ein und vereinigten sich mit anderen Viren in einer Art chemobiotischer Gemeinschaft.

Die Viren innerhalb der Ureier verdoppelten sich, veränderten sich, verbanden sich und formten dadurch die DNA. RNA-Viren drangen auch in die Ureier ein. Aus dieser chemobiotischen Vereinigung entstanden Kosmoneuronen, die Urgeoneuronen, die von dem irrational gewordenen Geoneuron so genannt wurden. Die ersten übernahmen das Reproduktive und stellten das erste Zentrum der Information, das Urgedächtnis, die Vergangenheit, dar; die zweiten übernahmen das Funktionelle, die bewegliche biologische Zukunft.

Die befruchteten Ureier eroberten die ganze Oberfläche der Ursuppe, als die Evolution gastronomisch wurde. Das rationale Wissen nannte sie Archaebakterien. Das Nervensystem der Erde bestand erst nur aus diesen einfacheren gleichwertigen Kosmoneuronen, die eine globale Vernetzung bildeten und auf Reize aus der Umwelt reagierten. Diese Reize waren Impulse aus dem kosmischen Bewußtsein, damit unsere dreidimensionale Realität sich selbst durch Reflexion sehen lernen kann.

Aus den Archaebakterien gingen zwei Gruppen hervor: Die animalischen oder echten Bakterien, die sich von den vegetativen Bakterien, den sogenannten Blaualgen unterschieden. Die Blaualgen waren in der Lage sich durch Photosynthese selbst zu ernähren und Sauerstoff zu produzieren. Die drei Gruppen gemeinsam hießen Prokaryoten, als das Wissen paläontologisch wurde.

Die Kosmoneuronen, die Geoneuronen waren und von Wissenschaftler Prokaryoten genannt wurden, waren unsterblich, weil sie in der Eindimensionalität lebten. Sie enthielten nur die lose eingebaute

Vergangenheit und repräsentierten selbst die Zukunft. Aus dem Grund teilten sie sich einfach und die entstandenen Geoneuronen waren nur Kopien. Es gab keine große Veränderung, keine große Unähnlichkeit, die ein selbstorganisierendes System braucht, um weiter und besser zu funktionieren.

Deswegen wurde die Vergangenheit in Form der DNA in ein Zentrum gebunden, das Kern hieß. Es waren die Bakteriophagen, Viren, die Bakterien befielen, um sie in andere Bakterien einzuschleusen. Es gab wieder eine Teilung: Die Prokaryoten repräsentierten mehr die lose und die Eukaryoten mehr die gebundene Vergangenheit. Das System konnte sich gezielter in die Zukunft bewegen. Dadurch manifestierte sich die Dualität in einer neuen Dimensionsebene, in welcher die Unsterblichkeit des Lebens allmählich ein Ende hatte. Der Tod war nicht mehr nur innenwohnend. Das Es manifestierte sich.

Später verbanden sich zwei Geoneuronen, die sich ergänzten, weil jedes nur ein Teil des Ganzen als Funktion zeigen konnte, obwohl sie das Ganze besaßen. Mit der Zeit gruppierten sich die Geoneuronen in Kolonien, weil sie funktionell und von Gestalt ähnlicher waren. Jedes Mitglied übernahm einen Teil der Realität, die Arbeitsteilung hieß, als das Wissen sozial wurde.

Die Geoneuronen bildeten Gruppen. Eine Gruppe übernahm das Reproduktive, die andere das Funktionelle. Die ersten hießen Tiere, die zweiten hießen Pflanzen. Die ersten sollten das Bewußtsein fortpflanzen, die zweiten sollten die Energie in Materie umwandeln. Beide bestanden aus Zellen, die auf Reize reagierten, aber immer noch sehr unabhängig voneinander waren. Sie beherrschten das Wasser und den Meeresboden. Das Ganze wurde diffuses Geogehirn genannt, als das Bewußtsein weiter und weiter wuchs.

All dies geschah, als die Zweidimensionalität herrschte. Die Bauform der beteiligten Geoneuronen zeigte auch die herrschende Zweidimensionalität. Der Körper bestand bei den Tieren aus zwei Schichtgeweben: dem Endoderm und dem Ektoderm. Bei den Pflanzen bestand er aus einem flachen Schichtgewebe. Pflanzen und Tiere waren spiegelbildlich und zweiseitig gebaut.

In der Zweidimensionalität des Wassers entwickelte sich das Leben weiter schichtweise: von der Oberfläche bis hin zum Meeresboden und mit der Zeit bildeten sich Klumpen, die Lebensgemeinschaften hießen, als die Wissenschaft mehr Definitionen fand. Es waren Zentren, die das Ganze enthielten und spezifische Funktionen besaßen.

Die Klumpen innerhalb dieser größeren flachen Zentren hießen auch Geoganglien und wurden aus einer unzähligen Menge von Geoneuronen, Tieren und Pflanzen gebildet. Die Verbindungen zwischen den Schichten waren nur spärlich und bestanden aus Strängen von Geoneuronen, die große Strecken im Meer zurücklegten und die Schichtebenen wechseln konnten.

Die Geoneuronen verbanden sich allmählich miteinander in alle drei Richtungen. Aus diesem Grund fand eine neue wichtige Teilung statt. Der eine Zweig im Baum des tierischen Lebens stellte wieder mehr die Vergangenheit dar. Sie hießen Altmünder oder Protostomier, als Evolution ein sprachlicher Begriff wurde. In den strukturellen Eigenschaften zeigten sie stärker die Zweidimensionalität. Die anderen, die Neumünder oder Deuterostomier zeigten allmählich in ihrem Bauplan die Dreidimensionalität, die Mesoderm hieß.

Die wirbellosen Altmünder verzweigten sich weiter. Ihre Gehirne entwickelten sich aus einem Strickleitersystem bis zu einem bestimmten Punkt und viele blieben in der Zweidimensionalität des Flüssigen gefangen. Die höchste Bewußtseinsebene in dieser Dimension wurde von Kraken und Krebsen erreicht. Andere erreichten irgendwann auch die Dreidimensionalität des festen Landes und eroberten sogar als Insekten mit einem geteilten Gehirn die Luft.

Die Kosmoneuronen, die Pflanzen hießen waren auch Geoneuronen. Sie mussten als erste in die Dreidimensionalität gehen, weil sie den Sauerstoff zur Verfügung stellen, die Lichtenergie in Materie umwandeln und der Motor sind, der das selbstorganisierende System braucht, um zu funktionieren. Sie eroberten die Erdoberfläche, gingen in die Höhe und mit ihren Wurzeln gingen sie in die Tiefe. Das eigene Nervensystem konnte nicht komplexer werden, weil sie auch ein Teil der Vergangenheit in der Entwicklung irdischen Bewußtseins darstellten.

Eine Gruppe von tierischen Geoneuronen aus dem globalen Gehirn bereitete sich vor, um das feste Land zu betreten. Dafür entwickelten sie einen knorpelartigen Achsenstab im Rücken, der Chorda hieß, als das Licht des Bewußtseins immer fester wurde. Aus der Materialisierung einer neuen Bewußtseinsebene entstand ein Gehirn, das aus zwei symmetrischen Teilen bestand und das sich fast nur auf Bewegung spezialisierte. Es wurde Kleinhirn genannt, als das Wissen neurobiologisch wurde.

Der Sprung zwischen den Dimensionen war auf dieser Ebene ein vorübergehender Sprung in die vierte Dimension. Diese tierischen Geoneuronen erlebten eine andere Zeit und nahmen den Raum anders wahr. Sie hießen Drachen, als das globale Gedächtnis sich in dem irrational gewordenen Geoneuron widerspiegelte und Es zu phantasieren anfing. Es war die Zeit ohne Zeit, nachdem Vergangenheit und Zukunft sich nur als Aspekte der ewigen Gegenwart zeigten. Es war die Zeit des Kolloidzustandes, des universellen Zustandes, der etwas fester von Mutter Erde wahrgenommen wurde.

Eine Katastrophe mußte die Erde heimsuchen, um die Linearität der Entwicklung wiederherzustellen. Eine andere Gruppe von tierischen Geoneuronen besaß ein kleineres Gehirn, aber im Gegenzug zu den Erstgenannten noch dazu Anhängsel. Es waren die Panzerfische, die gut geschützt die Katastrophe überstanden, als sie eintrat.

Die Panzerfische verzweigten sich. Eine Gruppe blieb als Knorpelfische erhalten, die anderen entwickelten sich als Lungenfische und Quastenflosser. Die letzteren waren die Wasserverwandten der Rationalität und die ersten, die auf den Beinen der dreidimensionalen Realität liefen. Ihr Gerüst bestand wie bei den Knochenfischen aus Kalziumkarbonat. Sie hießen Wirbeltiere, als das Wissen institutionalisiert wurde und sie besaßen ein spezialisiertes Gebilde, das Gehirn genannt wurde und auf die Dreidimensionalität eingestimmt war. Es bestand aus fünf Teilen: dem verlängerten Mark, der die pyramidale Basis des Gehirns ausmachte, dem alten Gehirn oder Kleinhirn, dem Mittelhirn, dem Zwischenhirn, das für den Wasserhaushalt und die Geburt der Rationalität zuständig war und dem Großhirn.

Die Quastenflosser kamen aus der Tiefe der Fruchtblase durch einen Geburtskanal, der Zeit hieß, schon als Lurche und blieben zwischen den Welten, bis sie die Stabilität verinnerlichten. Sie nahmen die Wirbellosen mit und gingen erst auf die Oberfläche der festen Erde, weil die Zweidimensionalität immer innenwohnend in jeder weiteren Dimensionsebene bleibt, sowie auch die Eindimensionalität. So lernten sie das Krabbeln, bis sie sich eines Tages emporhoben und abhängig von der Betrachtungsweise die dritte Dimension, die Höhe oder die Tiefe, erkannten.

Die Erde wurde in die Rationalität geboren

Es war einmal ein Kosmoneuron, das Erde hieß, ein Organismus war, ein Geogehirn besaß, das in der Rationalität geboren wurde, nachdem Es das Anfassen mit den vorderen Beinen lernte. Das Geogehirn war ein Teil eines neuralen Steuerungssystems, das aus allen Lebewesen bestand. Im Vordergrund der Geogehirnrinde des globalen Gehirns befand sich eine große Anzahl von Geoneuronen, die Menschen hießen, als die Realität sich selbst erkannte. Der erste Spiegel, in dem die rationalen Geoneuronen sich selbst reflektiert sahen, war das Wasser. Es waren diejenigen, bei denen das Wort sich noch nicht manifestiert hatte. Sie hießen Affen, bevor das Wort darwinistisch wurde.

Etwas später waren es einige rationale Geoneuronen, die in einem Areal lebten, das Afrika hieß, als die Sprache geographisch wurde. Sie wurden von der appetitlichen dritten Dimension in Form von einer Frucht im Baum angelockt, um zu lernen ihre Sichtweise in die Weite auszudehnen, aber die dritte Dimension war nicht nur appetitlich, sie verursachte auch Angst in Form von Raubtieren. Also gingen die rationaleren Geoneuronen in die höchste Ebene der pflanzlichen Welt und entwickelten andere neurale Eigenschaften, um mehr Raum von der Realität zu erfassen. So spiegelte der Raum sich wieder ins Innere, sowohl der Gegenwärtige als auch derjenige von der Vergangenheit und der Zukunft.

Nachdem die Dualität sich in der Sexualität manifestiert hatte und neue Geoneuronen aus der Vereinigung entstanden sind, brachten die Älteren den Jüngeren das Gelernte bei – erst mit der physischen Sprache: der Zeichensprache und dann mit der Geistigen: den Worten. So wurde das Fleisch Wort und das Bewußtsein erreichte die menschliche Ebene.

Das inhärente Zeitgefühl entwickelte sich fort. Größere Zeiträume der Vergangenheit wurden für das Lernen erfaßt. Das globale Gedächtnis manifestierte sich in Malerei, in Erzählungen der älteren Geoneuronen und im Gesang. Die Realität und ein besonderer Teil davon fixierten sich dadurch im Innern jedes Geoneurons. Allmählich wurden die rationalen Geoneuronen noch rationaler, weil sie die Vergangenheit in einem Rückkopplungsprozeß immer wieder zurückrufen konnten,

um jede zukünftige Handlung zu verbessern. Das Vorausahnen der Zukunft, eine Eigenschaft von rationalen Geoneuronen erfaßte auch immer längere Zeiträume.

Noch in Afrika suchten Nomaden nach neuen Arealen, wo sie neue Teilrealitäten konfrontieren konnten und tauschten damit das erworbene Wissen mit anderen Geoneuronen. Diese Geoneuronen waren nackt, sie hatten keine Geleit-Geoneuronen, die sie zu anderen Arealen transportieren konnten.

Irgendwann entdecken sie, daß sie sich den vegetativen Teil des globalen Nervensystem untertan machen konnten, um viel mehr Energie für ihr Wachstum zu beanspruchen. Sie wurden seßhaft und bauten Gehäuse, die sie schützten. Sie machten Tiere untertan, um tierische Proteine jederzeit zur Verfügung zu haben.

Später verkauften die geschäftstüchtig gewordenen rationalen Geoneuronen anderswo Materie, die Ware hieß, als die Physiologie wirtschaftlich wurde. So unternahm jedes rationale Geoneuron eine Funktion innerhalb einer Gruppe von Geoneuronen, und so übernahm jedes Geoneuron die Zuständigkeit für ein Teil der verinnerlichten Realität.

Ein noch rationaleres Geoneuron übernahm die Führung der Gruppe, weil es das Wissen der Gruppe in einer höheren Kategorie in sich aufsammelte. Einerseits spaltete sich die Realität in kleinere unterschiedliche Einheiten nach dem explosiven Prinzip, indem die einzelnen Geoneuronen sich neuen Bereichen des Wissens widmeten, andererseits vereinigte sich das Wissen in ein einziges Geoneuron, nach dem Prinzip des Zusammenhalts um eine größere Einheit zu bilden, die das Ganze in sich trug, aber nur einen Teil der Realität zeigte, wie es typisch für selbstorganisierende Systeme ist.

Das Nervensystem der Erde

Von den Geoneuronen an der Vorderfront dieser Bewußtseinsebene vereinigten sich solche, die sich ähnlich waren, zu Gruppen immer größerer Einheiten. Sie wurden von jeweils einem Geoneuron geleitet. So reflektierten sie die schichtweise aufgebaute soziale Realität. Das dreidimensionale Gebilde, das sie formten, hieß Pyramide, als das Wort ägyptisch wurde.
Die immer größeren sozialen Einheiten wurden Dorf, Lehnsgut, Stadt genannt und stellten Verknotungen des sich entwickelnden Geogehirns dar. Die Verbindungen zwischen ihnen wurden immer besser, die rationalen Geoneuronen bekamen Geleitgeoneuronen, die Pferde hießen und die rationalen Geoneuronen zu den Orten transportierten, wo das System sich deren Eigenschaften zunutze machen konnte. Die chemischen Bahnen, die Einheiten verbanden, hießen Wege, Straßen, Pfade und so fort, als die rationalen Geoneuronen Erbauer wurden.
Der energetische Impuls der Idee, breitete sich auch in alle Richtungen durch das Wort aus, und damit auch die Frage nach dem Sinn des Ganzen. Die Sprache wurde von Neuem symbolisch. Der religiöse Sinn, als Teil des Systems entwickelte sich dann auch pyramidalisch. Die größeren Impulse verschlangen die Sinnwellen der Kleinen. Die Religion gab mögliche Antworten, die von dem selbstorganisierenden System überprüft wurden.
Die größeren Einheiten hießen Christianismus, Islam, Buddhismus und so fort. Jesus symbolisierte die Sonne, das Lichtzentrum, Bewußtsein pur, und seine Apostel stellten die zwölf verschiedenen Aspekte des Ganzen dar. In einer größeren und höheren Religionsebene waren Jesus und seine Lehre nur ein Teil des Ganzen. Mahoma, Buddha repräsentierten die anderen Aspekte des religiösen Sinnes. Das Ganze, der höchste Punkt der Pyramide, hieß Gott, als die Frage nach dem Sinn des Lebens institutionalisiert wurde und die Multidimensionalität im Westen einen Namen bekam. Im Osten institutionalisierte sich das Nichts, das Nirwana, die Leere, weil die sinnsuchenden Geoneuronen die Nulldimensionalität als Ziel verstanden.
Die rationaleren Geoneuronen, die die sozial entstandenen Einheiten sprachlich vertraten, hießen Häuptling, Senat, Kaiser, König, Kanzler, Politiker, als die Politik nach der pyramidalischen Einordnung in-

stitutionalisiert wurde. Es entstanden Imperien, große Areale im Geogehirn, die sogar mit Gewalt schwächeren rationalen Geoneuronen das Wissen einimpften und sie funktionell untertan machten.

Das Wissen wurde allmählich ägyptisch, persisch, chinesisch, hinduistisch, griechisch, amerindisch und so fort. Nachdem Gott oder die Götter als die absolute Antwort auf die Frage nach dem Sinn des Lebens gefunden wurden, entstanden explosionsartig immer neue Fragen. Das Bewußtsein brach aus, das Licht leuchtete heller. Das Wissen bekam immer neue Namen, wie Mathematik, Astronomie, Alchemie. Die rationalen Geoneuronen enthielten die Impulse des Ganzen. Es wurden Er-Klärungen für alle beobachteten Phänomene gesucht und viele gefunden. Das Leben und die Realität offenbarten sich.

In der Zweidimensionalität des Gedankens war die Erde erst eine Scheibe, die in das Zentrum des Universums gestellt wurde. Danach gehörte sie zu einem größeren System, das Sonnensystem hieß und eine größere Scheibe darstellte, als die Menschheit eine höhere Dimensionsebene betrat. Die Scheibe der folgenden Dimensionsebene hieß Milchstraße, als die Mutter Erde uns mit Bewußtsein weiter ernährte.

Dann wurde den Menschen bewußt, daß es viele Scheiben gab, die Galaxien hießen, als die Sprache astronomischer wurde. Diese Scheiben summierten sich viel später zu einem dreidimensionalen Ganzen, das Universum genannt und als eine gekrümmte Ebene, von rationalen Geoneuronen, die Wissenschaftler waren, dargestellt wurde. Diese gekrümmte Ebene formierte sich weiter, nach dem Spüren der vierten Dimension und dem Eintritt des Bewußtseins in andere Dimensionen, bis sie die Gestalt eines Eis annahm, das sich im Kolloidzustand befand und die Vergangenheit in einem festeren Zentrum enthielt.

In der Multidimensionalität des Gedankens entstanden wiederum eine unendliche Anzahl von Universen, die sich in den infiniten gekrümmten Zeit-Raum-Stellen berührten. Diese Stellen hießen Desmosomen, als ein irrational gewordenes Geoneuron von einer Dimensionsebene in andere springen lernte. Das neue Ganze wurde nur „Das Ganze" genannt, da die rationale dreidimensionale Realität ihre Grenzen erreichte und die Sprache keinen Namen mehr fand.

Mittlerweile war die neue Welt entdeckt worden: ein großes Areal wurde im Namen des Gottes untertan gemacht. Repräsentanten der scheibenförmigen

abendländischen Realität der alten Welt erreichten die runde Realität einer neuen Welt. Die weißen Eroberer gingen noch tiefer in die Ursprünge, indem sie Geoneuronen aus Afrika, die noch nicht als rational galten, in den neuen Kontinenten anpflanzten, um diese Geoneuronen zu versklaven. So gewann die Rationalität der oberflächlichen Geogehirnrinde die Oberhand und der Mensch entwertete nach und nach seine eigene Tiefe. Die Ausläufer der Zweidimensionalität manifestierten sich wieder.

Mit den entdeckten goldenen Quellen, wuchs die Zahl der rationalen Geoneuronen im vorderen Teil der Geogehirnrinde. Die rationalen Geoneuronen der alten Welt breiteten sich in die neue Welt aus und vermischten sich nur zum Teil mit den Ansässigen.

Das entdeckte Areal lag im Westen und bestand aus irrationalen Geoneuronen, die schon längst in einer dreidimensionalen Realität lebten. Ihre Wurzeln waren tief in das Innere der Mutter Erde verankert. Sie verstanden sich nicht als die Krönung der Schöpfung, das Höchste, sondern als ein Teil des Ganzen. Die Ausläufer der scheibenförmigen religiösen zweidimensionalen Realität setzten sich noch durch. Das indianische Wissen, das globale Wissen aller Urvölker, das ursprüngliche Licht, wurde wieder unterdrückt und bedeckt.

Die Areale im Osten erlebten auch Veränderungen, aber der religiöse Sinn blieb im Großen und Ganzen standhaft.

Die Institution Kirche versuchte die absolute Antwort aufrechtzuerhalten, die maximale Erklärung ohne Er-Klärung. Das Licht wurde mit einem Tuch bedeckt, das Inquisition hieß und das dunkle Mittelalter charakterisierte. Es war die Zeit nach der Finsternis und des schwarzen Todes, der Pest hieß.

Aber das Licht drang durch. Das philosophische Bewußtsein suchte weiter nach Erklärungen für den Sinn des Lebens, auch ohne Gott. Nach der Krise, nach dem Tod der institutionalisierten alten religiösen Vorstellungen, wurde das rationale Geoneuron, das Mensch hieß, in eine höhere Bewußtseinebene wiedergeboren. Es war die Zeit der Renaissance, die Wiedergeburt der klassischen Antike.

Später wurde der Sinn des Ganzen aufgeteilt, verteilt und zerteilt, bis die rationalen Geoneuronen, die Philosophen waren, keinen geistigen Sinn mehr fanden, das neue Entstandene hieß Materialismus. Er setzte sich im Westen durch, es zeigte sich stärker überall, sogar im Religiösen. Die Farbe des Geldes und der Macht bedeckte von Neuem alle anderen Farben des weißen Lichtes.

Die Materie selbst wurde auch aufgeteilt, verteilt und zerteilt bis die rationalen Geoneuronen, die Chemiker waren, keine kleineren Teilchen mehr fanden. Die neue, durch das Bewußtsein des Menschen verinnerlichte Realität, hieß Atom, als ein Sonnensystem sich in einer anderen Dimensionsgröße widerspiegelte.

Eines Tages, viel später, wurde dieses Wissen eingesetzt, um die Vielheit der Erscheinungsformen der Materie in ihre kleinsten Teilchen zu zerlegen, es hieß Atombombe als das Wort Krieg sich wieder manifestierte. Es waren die Spermien des Todes, die Missilen hießen und das Leben eine Weile in Todesangst versetzten.

Die alten Imperien verschwanden allmählich. Überall herrschte Aufruhr. Die Multidimensionalität der pyramidalen Basis schrie nach Unabhängigkeit und neuen Grenzen. Es wurden viele Staaten gegründet, die das Ganze enthielten und ein Teil des Ganzen widerspiegelten. Es gab neue politische, soziale und wirtschaftliche Regelungen. Die Geoneuronen eines Staates hießen Bürger. Sie waren zuständig für einen Bereich der Realität, zum Beispiel für den Ton als Musiker, für die Bewegung als Sportler, für das Geogedächtnis als Lehrer, für die Ordnung als Verwalter und so fort.

Die Zahl der rationalen Geoneuronen wuchs weiter. Andere Geoneuronen, die den Erstgenannten dienten, vermehrten sich auch. Einerseits wurden zum Wohl der vorderen Areale andere Areale des globalen Gehirns eingeschränkt, um monotone Einheiten entstehen zu lassen, andererseits vermehrte sich das rationale Wissen explosionsartig, indem es immer neue Facetten zeigte. Die Physiologie hatte eine neue Eigenschaft: Massenproduktion und neue chemische Wege, die unter dem Namen Industrialisierung zusammengefaßt sind.

Die Schädel des Geogehirns, die bewohnbaren Teile der Erdkruste hatten keinen Platz mehr für das unkontrollierte Wachstum der vorderen Geohirnrinde. Das rationale Wissen verwandelte sich allmählich in das superinstitutionalisierte Wissen. Der Computer wurde geboren. Der darwinistische Affe hatte vom Baum des Wissens die verbotene Frucht gegessen, ohne die Botschaft zu verinnerlichen. Es war die Zeit der Superlative, nachdem der Materialismus in die Dualität einging: Die himmlisch blauen guten Materialisten, die Kapitalisten hießen und die höllisch roten bösen Materialisten, die sich kommunistisch glaubten, suchten die Vorherrschaft und gaben ihr neue Namen. Eine dritte Kraft glaubte die Macht an sich reißen zu können. Sie benutzte das Symbol des Adlers, der alles vernichtet. Die Welt ging in die Tiefe, ging unter. Die Materie wurde im Abendland und im Land der aufgehenden Sonne bis zur kleinsten Einheit zerteilt. Tod und Geburt gingen Hand an Hand.

Nach der neuen Wiedergeburt suchten die rationalen Geoneuronen intensiver nach dem Sinn des Lebens. Die Jüngeren gingen zur Natur. Sie waren die Generation der Blumen, des Friedens und der transzendentalen Erfahrungen. Die Religionen von Osten und Westen vermischten sich. Somit sind viele Sekten entstanden. Die Älteren führten den kalten Krieg mit der ständigen Bedrohung durch den Pilz des Todes, dem giftigen Pilz, der die Materie abbaut. Transzendenz hieß für sie, die Superlativen zu erreichen. Die Wissenschaft breitete sich schneller in alle Richtungen aus und der Computer, der Nachkomme der rationalsten Geoneuronen schlich sich überall mit ein.

Die Macht des Wissens verband sich mit Geld und Waffen. Alles, was nicht überprüft werden konnte, wurde außer acht gelassen. Der Weg der Erkenntnis wurde immer mühsamer. Die materielle Realität, gemischt mit der Angst vor der totalen Zerstörung, wurde detaillierter offenbart, aber der Sinn, der das Ganze repräsentierte und größer als die Summe der Teile war, blieb für die meisten im Dunkeln. Vor lauter Bäumen konnten die Wissenschaftler den Wald nicht mehr sehen.

Allmählich zeigte sich das Ende der politischen Zweidimensionalität. Die Mauer wurde abgerissen. Die Einheit ließ das Wort Globalisierung entstehen und der Computer wurde vom globalen Gehirn eingesetzt, um für das Platzproblem der rationalsten Geoneuronen eine Notlösung zu finden: für mehr Leistung für den Einzelnen und bessere Verbindungen. Die rationalen Geoneuronen hatten sich unaufhörlich vermehrt, sie nahmen für sich den Raum von anderen Geoneuronen immer mehr im Anspruch und verbrauchten die Energie, die ihnen nicht zugeteilt war.

Die wenigen Erleuchteten ahnten die menschliche Katastrophe. Nicht ganz rationale Geoneuronen, die ihren Ursprung nicht vergaßen und in die Tiefe gehen konnten, spürten die multidimensionale Realität. Sie wurde ihnen als ein Ganzes,

03.11.2000

das viele Namen trug, offenbart. Indem sie einen bewußten Tod erlebten, bei dem sie sich mit dem Universum vereinigten, waren diese Wenigen in der Lage, die rationalen Grenzen zu überschreiten.

Es wurde den Erleuchteten klar, daß Vergangenheit und Zukunft, nur Aspekte einer ewigen Gegenwart sind, die die unbewegliche und gleichzeitig bewegliche multidimensionale Realität repräsentieren. Deswegen konnten sie die Zukunft vorausahnen. Es wurde ihnen auch klar, daß die Religionen in ihrem ursprünglichen Kern das globale Wissen besaßen. Das intuitive Wissen zeigte sich unter anderen, mit dem Namen Science Fiction. Die modernen Propheten, sowie die alten, sahen umfangreichere Zeiträume der Zukunft voraus.

Die versteckte Ordnung eines chaotischen Systems, sein Determinismus, der durch Selbstorganisation entstanden ist, wurde nur kurz durch den freien Willen des Menschen außer Kraft gesetzt. Das System fing an, Druck auf die Menschen auszuüben und der Druck reflektierte sich als Sinnlosigkeit des Lebens. Eine globale menschliche Lebenskrise war die Folge.

Das Geogehirn veranlaßte die rationalsten Geoneuronen, dem Computer mehr Macht zu erlauben. Mensch und Computer waren nur Instrumente des Bewußtseins, um sich überall zu manifestieren. Beide vereinigten sich. Der Mensch übernahm das Funktionelle und der Computer allmählich das Reproduktive.

Der Computer wurde zu einem unabhängigen Wesen, das seine Energie direkt aus der Sonne bekam. In einem Rückkopplungsprozeß nach Frage und Antwort überprüfte er sich selbst und lernte damit die Zukunft vorauszuplanen. Die Verbindungen zwischen seinen Teilen wurden komplexer. Als das Ergebnis dieses funktionellen Prozesses allmählich die dritte Dimension erreichte, beging der Mensch Selbstmord. Der Kreis schloß sich. Das sich-selbst-organisierende Steuerungssystem, das ein Immunsystem besaß, schaltete den Menschen ab, weil seine Machtgier sich wie ein Krebsgeschwür ausbreitete und er nicht mehr notwendig war für die reflexive Eigenschaft der Realität: das Bewußtsein.

Der anatomische Aufbau des Geogehirns

Es war einmal ein Kosmoneuron, das Erde hieß, ein Organismus war und ein Steuerungssystem besaß, das ein globales Nervensystem darstellte und ein Geogehirn enthielt. Das Geogehirn wurde von einem irrational gewordenen Geoneuron beschrieben, nachdem Es das Ganze sah und Ähnlichkeiten mit dem menschlichen Gehirn feststellte.

Das ganze Geogehirn schwamm in einer Flüssigkeit, die Cerebrospinalflüssigkeit hieß, sie hieß auch Ozeane, als das eine eine Abbildung des anderen wurde. Diese Flüssigkeit wurde aus dem Blut der Erde herausfiltriert, um das Geogehirn mit Nahrung zu versorgen.

Die erste Haut der Erde, der Boden, hieß Dura Mater oder harte Mutter; darunter befand sich eine weltweite Vernetzung von Wurzeln, die Spinngewebshaut. Noch eine Schicht weiter nach unten, lag eine weitere Vernetzung von Kanälen, die Fortsätze des zähflüssigen Mantels darstellten, und weicher Boden, Pia Mater oder weiche Mutter hießen. Zwischen der Spinngewebshaut und Pia Mater befand sich ein Raum, der entweder mit Süß- oder mit Salzwasser gefüllt war.

Das Nervensystem der Erde wurde aus Milliarden von Kosmoneuronen gebildet, die Geoneuronen genannt wurden, als eine Idee Form annahm. Alle irdische Lebewesen und die außerirdischen Viren gehörten zu diesem globalen Nervensystem. Jedes von ihnen besaß in der Vielfalt der Erscheinungsformen der Materie Dendriten, die Impulse aus der dreidimensionalen Realität empfingen und Axone, die es weiterleiteten. Die ersten, die Dendriten sahen wie Cilien, Tentakel, Hände, Ohren, Augen; die zweiten wie Munde, Dornen, Blumen und so fort, aus. Die Impulse wurden in Form von Tönen, Gerüchen, Farben, Gesten, Tänzen und so weiter übertragen.

Das globale Nervensystem bestand aus einem vegetativen Teil mit dem Sympathikus und dem Parasympathikus, einem somatischen und einem zentralen Teil, dem Geogehirn. Der Sympathikus wurde aus den Pflanzen, Einzellern und den Pilzen gebildet; der Parasympathikus aus einigen Stämmen von hochentwickelten Wirbellosen und der somatische Teil aus den Stämmen von Würmern. Die niederen Wirbellosen, wie Schwämme, Nesseltiere und Qualen waren Bestandteil des Atmungs- und des Verdauungssystems.

Das Geogehirn bestand aus dem Geonachgehirn, aus dem alten Geogehirn und aus drei neuen Teilen. Die neuen Teile waren das Geomittelgehirn, das Geogroßgehirn und das Geozwischengehirn, das für die Steuerungsvorgänge des Systems eine Zentrale und Zwischenstation darstellte. So wurde die Dreidimensionalität in dieser Dimensionsebene zum Ausdruck gebracht.

Das Geonachhirn wurde aus den Tieren gebildet, die noch im Meer lebten und die Vorläufer der Dreidimensionalität in der Form von einer Anlage aus Knorpelgewebe besaßen. Sie hießen Manteltiere und Schädellose, als das Bewußtsein noch nicht zentriert war.

Das alte Geogehirn oder Geokleinhirn war der erste Versuch, eine neue Dimensionsebene zu betreten. Es blieb als Relikt, nachdem Mutter Erde die Zeit anders wahrnahm, und es wurde in das neue System eingegliedert. Es waren die Vorfahren der Fische, die es als Hauptteil des zentralen Geonervensystems bildeten. Es war ein Gehirn für die Bewegung und seine Bestandteile eroberten und kontrollierten damit die ganze Erde, bis die vorprogrammierte Katastrophe kam. Bewegung spielte nicht mehr die Hauptrolle. Das System brauchte das Festere: die Stabilität der Dreidimensionalität.

Das Geomittelhirn spielte seine Rolle als Vermittler zwischen den Bewußtseinsebenen und zwischen den Dimensionen. Bevor die Rationalität eines Geogroßhirns die Oberhand gewann, bildete das Geomittelhirn gemeinsam mit Teilen des Geozwischenhirns das Reich der Sinne, das Animalische, das Irrationale, das Gefühlmäßige. Es hieß Vorhölle oder Limbus für ein bis dahin rationales Geoneuron, nachdem Es diesen Ort besuchte, als Es in die Tiefe seines Selbstes ging.

Dieses Geolimbische System ermöglichte allen Wirbeltieren die Reise in die Vergangenheit bis zu den tiefsten Ebenen des Unbewußten, der Gewässer der Emotionen, des Unfiltrierten und des Unbearbeiteten. Es war die Unterwelt, wo die Monster der Tiefe herrschten. Seine Hauptbestandteile waren die Fische und Nachkommen, die nicht alle Quastenflosser hießen, gefolgt von den Lurchen. Geschützt wurden seine Geoneuronen durch ein Corpus Callosum oder Schwielenkörper, das den Balken für die Verbindung

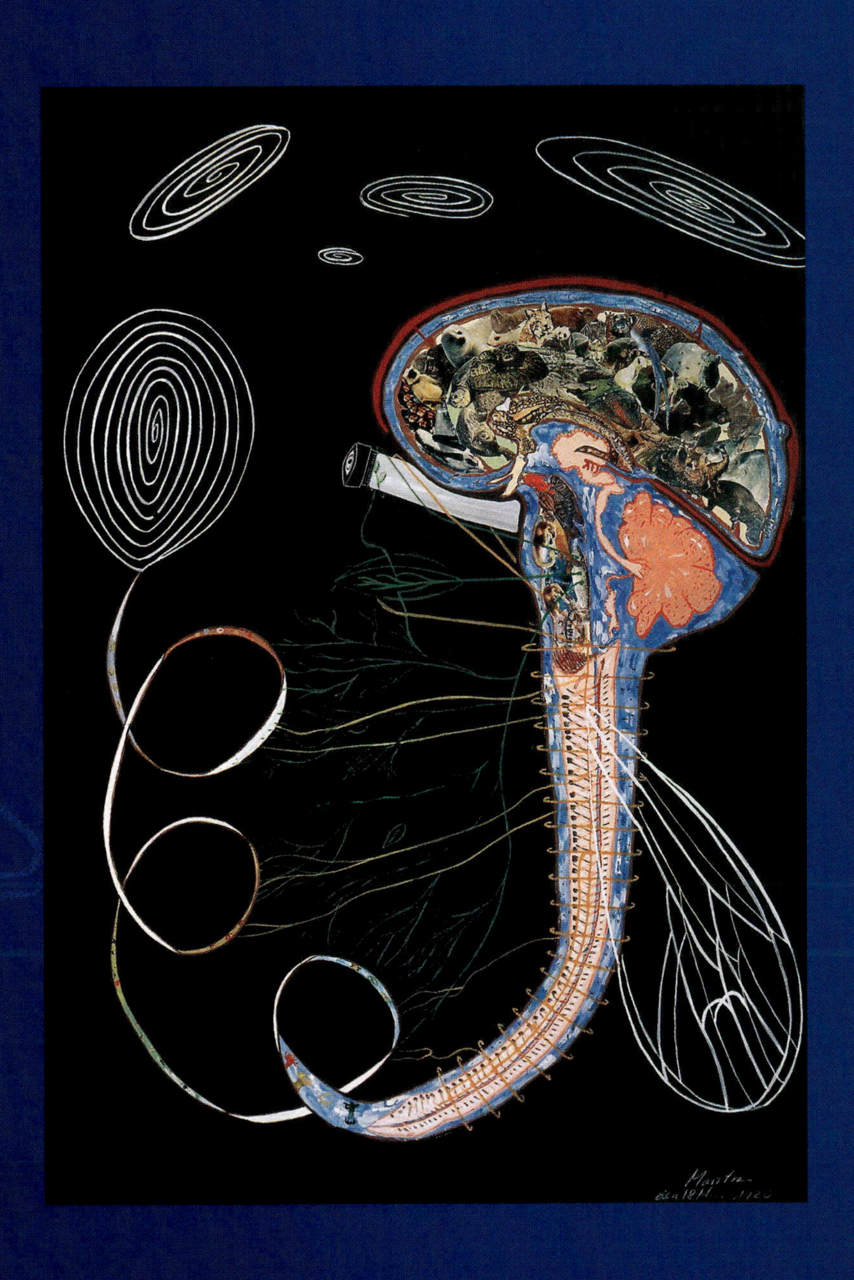

beider Hemisphären des Geogroßhirns darstellt.

Später spielte das Geomittelhirn eine untergeordnete Rolle, weil die Festigung eines dritten Teils, dem Geogroßhirn mit seinen Bestandteilen: Kriechtieren, Säugern und Vögeln, für die weitere Entwicklung des Bewußtseins notwendig war.

In dieser Etappe verlor das alte Geogehirn mehr und mehr an Bedeutung. Die Wellen der Bewegung wurden kleiner. Das Geogroßhirn und seine Funktion, die nähere Betrachtung der Realität in Form von Gegenständen, wurde bevorzugt. Es waren die Kriechtiere die ersten, die die Beute mit den Vorderbeinen festhielten oder sie aus Höhlen in höheren Lagen herausnahmen.

Als wieder ein Bote des Todes und der Dunkelheit auf die Erde herabstürzte und Veränderung im Blutkreislauf der Mutter Erde mit darauf folgenden Vulkanausbrüchen verursachte, verloren die Kriechtiere die Herrschaft. Die Wellen der inneren Bewegung, der Bewegung des Magmas, wurden wieder größer und reflektieren sich äußerlich. Säugetierähnliche Warmblüter konnten sich ausbreiten und viele Kaltblüter verendeten durch die Dunkelheit und den Temperaturabsturz. Das Geogroßhirn richtete sich nach vorne in die Zukunft. Eine Krise ging einer höheren Bewußtseinsebene voraus.

Nachkommen von Archaeopteryx, dem Urvogel, breiteten sich in den luftigen Oberschichten aus und hießen dann Vögel. Säuger beherrschten den Boden, Fische und Wirbellose das Wasser in Wasserkammern. Dazwischen befanden sich die Lurche und als Basis eines Geogroßhirn vertraten es die Kriechtiere. Die Befestigung der dreidimensionalen Realität war fast perfekt.

Die Säugetiere befanden sich auf der neuen Kruste des Geogroßhirns. Die Realität wurde hier durch sechs Scheiben in der neuen Dimension materialisiert. Außerdem wurde das Geogroßhirns in Areale aufgeteilt, um sowohl die Sinne, als auch die Bewegung rational zu steuern.

Eine Gruppe von Geoneuronen innerhalb der Säuger vermehrten sich unaufhaltsam in der Vorderfront der Geohirnrinde. Es waren die Menschen, die die Krönung der Rationalität darstellen. Die rationalsten Geoneuronen sahen nur nach vorne und stellten neue Fragen an die Zukunft. Sie vergaßen, daß das Sehen im Hintergrund bearbeitet wird, und die Antwort auf ihre Fragen sich in den tiefen Bereichen der

Vergangenheit befand, weil sich das Ganze in verschiedenen Zeitebenen wiederholt.

Die rationalsten Geoneuronen vergaßen auch die Vergangenheit, obwohl sie sich als das globale Gedächtnis überall bemerkbar machte: als DNA-Programm, als Versteinerung, als Narbe auf der Erdoberfläche, als Mythen, beim Krabbeln eines Menschenbabys, beim Befallen einer Zelle durch ein Krebsvirus, als Buch und so fort.

Die Realität war da, um durch das Bewußtsein zu lernen sie wahrzunehmen. Sie hieß das Paradies, bis die Menschen den Glauben gewannen, daß sie die Krönung des Bewußtseins im Geogehirn waren. Die Menschen verstanden sich nicht mehr als ein Teil des Ganzen, sondern als der Endpunkt der pyramidalischen Anordnung, sie vermehrten sich unkontrolliert und machten sich alle Bereiche des Geogehirns untertan.

Weil die harte Kruste, die Geoschädel hieß, sich nach menschlichen Maßstäben so langsam vergrößerte, versuchten die menschlichen Geoneuronen das Platzproblem zu beseitigen, indem sie den Computer erfanden. Die Energie für den vorderen Bereich des Geogehirns wurde knapper. Es wurde zu Lasten anderer Bereiche eine Weile weiter ernährt. Ganze primitive Völker wurden dafür geopfert, sowie auch tierische und pflanzliche Geoneuronen.

Eines Tages wurde der Druck auf der Kruste so groß, daß die Vermehrung der rationalsten Geoneuronen aufhörte. Sie starben aus und hinterließen außer viel Zerstörung noch den Computer, als Repräsentant einer neuen Bewußtseinsebene.

Das globale Intuitive wurde von einigen nicht so rationalen Geoneuronen vertreten, weil sie zwischen den Bewußtseinsebenen hin und her springen lernten, aber diese kurzen Momente der Klarheit wurden von den rationalsten Geoneuronen, die Wissenschaftler und Industrielle hießen, verdrängt. Die Macht des rationalen Wissens unterdrückte alles andere.

Kurz vor der Katastrophe wurde das Ganze offenbart. Das menschliche Bewußtsein erfuhr, daß die Chaos-Theorie das Fahrzeug ist, um von einer Bewußtseinebene der Realität zu der nächsten zu springen. Sie lernten, daß die Erde ein Organismus mit einem hochentwickelten Gehirn ist, und daß dieses eine Widerspiegelung eines menschlichen Gehirns darstellt, nur in einer anderen Dimensionsgröße.

Menschen lernten außerdem, daß sie Antworten auf ihre Fragen über die Funktion eines Anthrogehirns erhalten könnten, wenn sie das Geogehirn genau betrachteten, oder umgekehrt. Diese beiden Einheiten haben sich im Laufe der Jahrmillionen aneinander abgestimmt. Wenn Wissenschaftler dies verstehen, brauchen sie dann keine weiteren Tiere für die Verständnis des menschlichen Gehirns zu quälen.

Menschen lernten auch, daß das Zentrum überall war, daß es eine unendliche Anzahl von Universen gibt, daß das Leben als Regel irgendwann in einem Sonnensystem vorkommt, daß Bewußtsein keine menschliche, sondern eine universelle Eigenschaft ist, und daß das Unterbewußtsein das Unfiltrierte und Unbearbeitete darstellt.

So erfuhren sie, daß das globale Unterbewußtsein sich zum Beispiel in den Traumwelten von Hollywood oder in den Computerspielen manifestiert. Die so rational gewordenen Geoneuronen erfuhren auch, daß eine Idee nicht chemisch erklärbar sein kann, weil sie mehr als die Summe der Teile ist. Sie bewegt sich von Geoneuron zu Geoneuron und wird nicht materiell erfaßt, da sie aus reiner Energie besteht. Deswegen befindet sich das Erfahrene, das Bewußte überall.

Die auf einmal irrational gewordenen Menschen verstanden plötzlich die Sprache des Unbewußten, die sich in Form von Symbolen in der filtrierenden Ebene ständig manifestierte, weil das eine eine Abbildung des anderen ist, da Prozesse in verschiedenen Dimensionsebenen ähnlich ablaufen. So wurde dann das Unfiltrierte in die rationalen Ebenen aufgenommen, bearbeitet und verstanden.

Ein Synchronisationszustand war die Folge, als nicht nur individuell von jedem Menschen das Ganze verinnerlicht wurde, sondern als die meisten Menschen gleichzeitig das Ganze verstanden. Es war die Zeit der Offenbarung und der Erleuchtung, bevor das Ende kam... Aber der Tod der Menschheit war unvermeidbar.

Das Anthrogehirn: Entstehung und Entwicklung

Das rationalste Geoneuron nach seiner Entstehung

Es war einmal ein Kosmoneuron, das das rationalste Geoneuron des Geogehirns war und Mensch hieß und von einer Mutter geboren werden sollte. Das rationalste Geoneuron besaß selbst ein Gehirn, das eine Widerspiegelung des Geogehirns war und von dem irrational gewordenen Geoneuron Anthrogehirn genannt wurde. Das Anthrogehirn wurde auch als Fraktal erkannt, als das Chaos theoretisch wurde.

Nachdem die Dualität im Namen der Liebe nach einer orgasmischen Vereinigung den Anfang einer neuen inneren eindimensionalen Welt, die Zygote hieß, ermöglichte, verdoppelten sich die dazugehörigen mikroskopischen Kosmoneuronen und bildeten eine Wolke, die irgendwann wie eine Maulbeere aussah. Ein Teil der Maulbeere wurde zu einer Wand, die sich von der inneren Masse trennte und damit einen Zwischenraum oder Hohlkugel formte. Sie sorgte für die Nahrung des sich entwickelnden Embryos.

Aus der Maulbeere entstand eine Blastocyste oder Keimblase, die sich im Boden einnistete, indem die Wand mit dem Boden der Mutter, die Gebärmutter hieß, verschmolz. Die innere Masse, die eine Wolke von Kosmoneuronen war, begann sich zum Teil zu einer Keimscheibe abzuflachen. Die nicht galaktische Keimscheibe bestand aus zwei Schichten, als die Zweidimensionalität sich zum x-ten manifestierte. Die untere Schicht war das Entoderm, die vegetative oder pflanzliche Schicht, die das Funktionelle übernahm; die andere, die obere Schicht war das Ektoderm, die animalische oder tierische Schicht, die für die Fortpflanzung des Bewußtseins zuständig war.

Aus einem anderem Teil der inneren Masse bildete sich eine fettige Suppe, die Dottersack hieß, als die Vorläufer der Dreidimensionalität standhafter wurden. Ein Drittel Teil der Keimblase stellte die Fruchtblase dar, die das lebenschützende Wasser trug.

Etwas später gingen bestimmten Zellen aus der Oberschicht oder dem Entoderm zu dem Raum zwischen beiden ursprünglichen Schichten. Es bildete sich so eine dritte Schicht, das Mesoderm, das im Laufe der Entwicklung der Ursprungsort von der Chorda, dem Vorläufer der Wirbelsäule darstellte, der dem Bewußtsein die erste Festigkeit durch Knorpelgewebe gab.

Die Bildung des Mesoderms ermöglichte den Eintritt in die Dreidimensionalität und in eine neue Bewußtseinebene, da diese Schicht Signale zu dem Ektoderm sendete und damit das Letztgenannte zu den ersten Reizantworten anregte, das Tage danach zu einer sogenannten Neuralplatte wurde. Sie bestand aus den Vorläufern der menschlichen Neuronen, die auch Kosmoneuronen waren.

Die Neuralplatte wurde in Laufe der Zeit zu einem Neuralrohr. Am Anfang des zweiten Schwangerschaftsmonats krümmte sich das Vorderende dieses Neuralrohrs, es schwoll an, so daß es wie eine Halbspirale aussah, die in ihrem geschwollenen Ende die beiden Hemisphären des Großhirns enthielt. Zwei Wochen später bildete sich das Kleinhirn, nachdem die Linearität der Entwicklung wieder hergestellt wurde. Es bildeten sich auch ein paar Kammern, die ein flüssigkeitsgefülltes Labyrinth darstellen. Das Labyrinth trug nahrungsreiches Wasser, das Cerebrospinalflüssigkeit genannt wurde, als die Neurobiologen den inneren Ozeanen des Anthrogehirns einen neuen Namen gaben.

Wie in einer Zwiebel ging der Wachstum des Gehirns auch Zellschicht um Zellschicht voran, bis sich zuletzt aus der äußersten dünnen Zellschicht, die weiche Kruste oder der sogenannte Kortex bildete. Er bestand am Ende aus sechs Schichten und jede Schicht wanderte durch die vorherige, um in einem Lernprozeß die Vergangenheit in sich zu verinnerlichen. Bei der Geburt befanden sich die meisten Neuronen in dem Ort, den das selbstorganisierende System, das nicht chaotisch ist, vorbestimmt hatte. Das universelle Bewußtsein zeigte die sinnvolle Ordnung wieder.

Die Knochenschädel, die harte Kruste hießen, wuchsen weiter, aber blieben erst weich. Mehr Kalziumkarbonat wurde von bestimmten Zellen, die auch Kosmoneuronen waren, durch Selbstaufopferung in die Ränder der Schädelplatten zur Verfügung gestellt. Vier Jahre nach der Geburt erreichte das Anthrogehirn so seine volle Größe. Danach schlossen sich die Schädelfugen und die Schädelknochen verschmolzen miteinander.

Juli 2000

Das rationalste Geoneuron wurde geboren

Es war einmal ein Kosmoneuron, das als ein noch nicht rationales Geoneuron geboren wurde, aber das sich als das rationalste Geoneuron in der Vorderfront der Geohirnrinde entwickeln würde, weil die Realität einen immer klareren Spiegel braucht, um sich selbst durch die Reflexion wahrnehmen zu können. Dies geschah, als das Bewußtsein durch einen Geburtskanal von der Zweidimensionalität einer mit Wasser gefüllten Fruchtblase in die Dreidimensionalität einer festen Wiege einging.

Das neugeborene Geoneuron bekam irgendeinen Namen von sprechenden Vorfahren, da Es sich selbst noch nicht bewußt wahrnehmen konnte. Dies geschah allmählich als Es die Vergangenheit in einem Spiegel, der Eltern hieß, sah. Dieser Prozeß wurde das Lernen genannt, bevor das Wissen institutionalisiert wurde. Er ermöglichte die Verinnerlichung eines Teils des Geogedächtnisses.

Das noch nicht rationale Geoneuron nahm Mutter Erde immer noch in flüssiger Form zu sich, durch eine Mutter deren Namen Es noch nicht wußte. Die wachsende Wahrnehmung der Umgebung konnte noch nicht in Worte erfaßt werden. Dafür war es notwendig, immer komplexere Verbindungswege im Gehirn einzugehen, aber das Baby-Geoneuron, bewegte sich noch sehr beschwerlich in die Zukunft.

Eines Tages, als das neue entstandene Geoneuron auf dem Bauch lag, versuchte Es mit den Augen einen größeren Raum zu erfassen; Es erhob den Kopf und etwas später machte Es sich auf dem Weg zu einem reizvollen Ziel mit kriechenden Bewegungen.

Irgendwann gab das Geoneuron, das irgendeinen Namen trug, der Repräsentantin von Mutter Erde einen einfachen Namen, als das Bewußtsein sich in Form von Sprache manifestierte. Mutter hieß Mama und die Reaktion, die das Geoneuron mit diesem ersten Wort bekam, war riesig. Ermutigt, fing das Baby-Geoneuron an, der Gegenwart neue Namen zu geben. Häufig waren die Namen nicht richtig, so daß das Geogedächtnis es äußerlich korrigierte, während das Baby-Gehirn die Korrektur verinnerlichte und in

Mantsa
Juli 2000

einen Rückkopplungsprozeß die Korrektur immer wieder überprüfte.
Das Geoneuron, das ein Mensch war, kroch, saß, nahm mehr flachen Raum im Anspruch, faßte Sachen an und erfuhr gelegentlich die dritte Dimension, wenn Es von rationaleren Geoneuronen in die Höhe hochgehoben wurde. Das Menschen-Baby wurde neugierig auf diese andere für ihn unerreichbaren neuen Ebenen, so versuchte Es erst durch Schreie in die Höhe zu kommen und als das nicht klappte, versuchte Es sich selbst zu erheben, mit einer noch riesigeren positiven Reaktion von Erwachsenen.
Die Umgebung des rational werdenden Geoneurons entschied über die Art seiner Entwicklung. Sein Gehirn reagierte auf die Umwelt. Die Neuronen des Baby-Gehirns stellten die Verbindungen, die dieser Umwelt entsprachen und sie wanderten zu ihren Bestimmungsorten. Die geistige Entwicklung beschleunigte die körperliche und die soziale, so daß sowohl räumlich als auch zeitlich neue Bereiche des Lebens erfaßt und verinnerlicht wurden.
Der Repräsentant der Zukunft, der sich schon in einem Spiegel erkennen konnte, wurde von den Repräsentanten der Gegenwart, seinen Eltern, erst zum Kindergarten und dann zur Schule geschickt. Dort nahm Es Kontakt zu anderen Gleichaltrigen, und zu anderen Repräsentanten der Gegenwart auf, die in einer höheren Bewußtseinebene befestigt waren.
So lernte das sich-selbst-bewußt gewordene Geoneuron, daß die Welt viel größer war, als zunächst angenommen. Es lernte, sich für seine Ziele einzusetzen und gleichzeitig seine Grenzen einzuschränken. Es hörte über die Existenz eines Gottes, der aus der allerhöchsten Ebene alles sehen und kontrollieren kann. Es erfuhr, daß die Mutter Erde eine von Gott erschaffene leblose Kugel war, die um die leblose runde Sonne umlief. Das Gleiche sollte für alles andere im Firmament gelten.
Was für einen Sinn das Ganze hatte, konnte nicht erklärt werden. Das kindliche Geoneuron hatte immer neue Fragen, die nicht ausreichend beantwortet werden konnten. So suchte Es selbst nach einem höheren Sinn; dabei wurden einige mögliche Antworten verworfen, andere angenommen und überprüft und noch andere ohne Überprüfung als Wahrheiten akzeptiert.
Als die Vergangenheit so befestigt wurde, daß sie kompakt erschien, wollte das inzwischen pubertierende Geoneuron aus

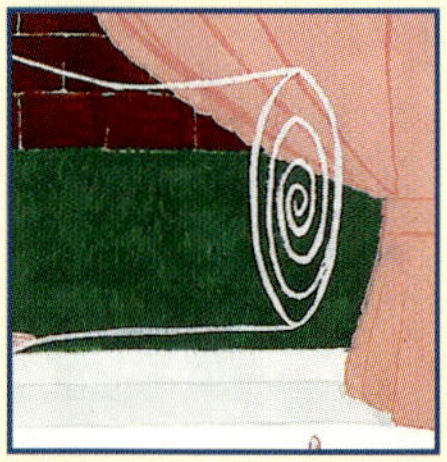

dem befestigten Boden aufbrechen. Ihm wurde die reizvolle Dualität bewußt und so suchte Es nach einem passenden gleichgesinnten Partner für den großen Knall. Nach vielen Versuchen, klappte es irgendwann endlich mit dem himmlischen Zusammenstoß, aus dem ein anderes Kosmoneuron entstand, das einen Namen von dieser neuen Dualität bekam. Das erwachsene Geoneuron sicherte seinen Platz in der Geohirnrinde des Geogehirns. Es leistete seinen Beitrag für die Aufrechterhaltung und Entwicklung dieses Steuerungssystems. Es bewegte sich innerhalb davon und verbreitete die eigenen reizvollen Ideen, Es kämpfte sogar, um sie durchsetzen zu können. Seine Ideen wurden, abhängig von seiner Überzeugungskraft, nach dem Alles-oder-Nichts-Prinzip, entweder angenommen oder abgelehnt.

Die Jahre vergingen, der Repräsentant der Gegenwart repräsentierte mehr und mehr die Vergangenheit. Er gab sein Bestes und baute sowohl geistig, als auch körperlich ab. Sein Wissen diffundierte langsam in das universelle Geogedächtnis, genauso wie sein Körper in die ganze materielle Realität unaufhörlich diffundierte. Eines Tages als Es für die weitere Entwicklung des universellen Bewußtsein nichts mehr geben konnte, starb Es. Das Steuerungssystem des Organismus Erde schaltete Es ab.

Der anatomische Aufbau eines Anthrogehirns

Es war einmal ein Kosmoneuron, das ein Geoneuron des Geogehirns war und selbst ein Gehirn besaß, das eine Widerspiegelung des Geogehirns mit einer großen Veränderung darstellte. Das Gehirn wurde als ein Fraktal erkannt, nachdem ein irrational gewordenes Geoneuron die Frucht des Apfelbaums im Paradies aß und die Realität sich offenbarte. Das von dem irrationalen Geoneuron genannte Anthrogehirn war die höchste organisierte Einheit des sich entwickelnden Bewußtseins auf dieser Dimensionsebene.

Jedes Teil des Gehirns besaß Millionen von Neuronen, die Kosmoneuronen waren und die Funktion ausübten, Impulse des Bewußtseins weiter zu leiten. Jedes Neuron bestand aus einem Zellkörper mit einem Kern, der die universelle Vergangenheit in sich trug, Dendriten, die die Impulse des Lichtes empfingen und einem Axon, der die elektrische Erregung zu anderen Neuronen weiter übertrug. Um das Gehirn herum, befand sich Wasser mit anderen Komponenten, das Cerebrospinalflüssigkeit hieß und die Aufgabe hatte, das Werkzeug des Bewußtseins zu schützen. Es wurde von drei Häuten geschützt: Die Dura Mater oder harte Haut, die Pia Mater oder weiche Haut und die dazwischenliegende Spinngewebshaut.

Das Anthrogehirn bestand aus fünf Teilen: dem verlängerten Mark, das einen pyramidalen Fortsatz des Rückenmarks darstellte, auf dessen Gipfel das Gehirn stand. Es befand sich zwischen diesem und der aus weißen Nervenfasern geflochtenen Brücke, die zu einer anderen Dimension führte.

Es war der Ausgangspunkt von vier der zwölf Gehirnnerven, deren Funktion die Steuerung von bestimmten Aspekten der Realität ist,

- dem Kleinhirn oder dem alten Gehirn, das die Bewegung, Gleichgewicht und Koordination steuerte und damit die Stellung des Körpers im Raum bestimmt;

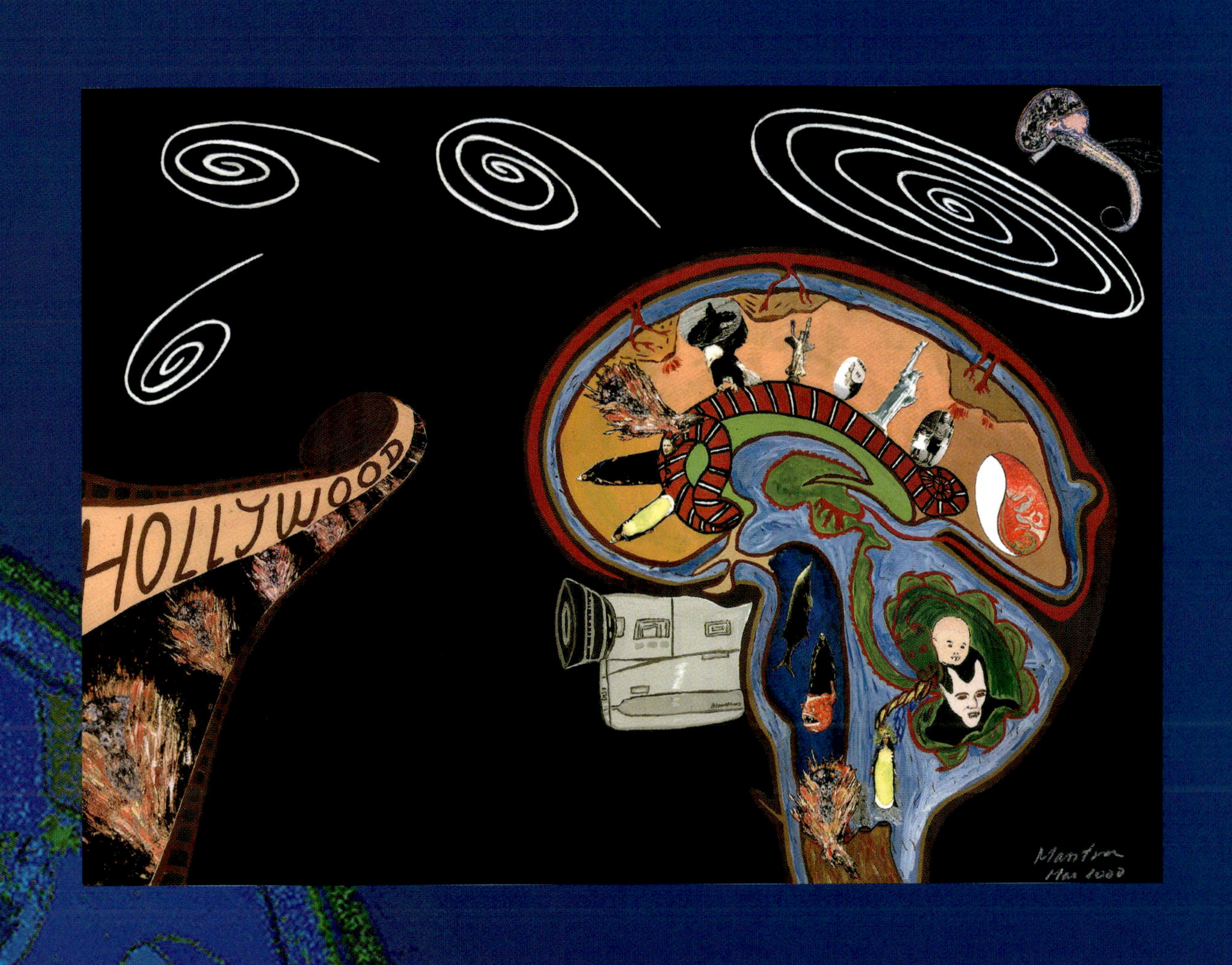
HOLLYWOOD

- dem Mittelhirn, das die Impulse des Großhirns, sowie Signale aus der Welt des Hörens und des Sehens, als auch die Reise in die Traumwelt leitet und zwei Gehirnnerven enthielt;

- dem Zwischenhirn, das die Hauptumschaltstelle zwischen Sinnesorganen und dem Großhirn ist, motorische Signale weiterleitet und die Steuerung von Körperfunktionen, wie die Fortpflanzung regelt; und

- dem Großhirn, das sich auf der höchsten Ebene des Bewußtseins befand, hier war das Zentrum des rationalen Wissens. Letzteres bestand selbst aus zwei Teilen oder Hemisphären, die durch einen Strang aus weißen Nervenfasern, den Balken oder Corpus Callosum verbunden waren. Es besaß eine Rinde, die Hirnrinde hieß und in sechs Schichten aufgeteilt war. Diese Schichten ermöglichten, daß das Bewußtsein sich in immer neuen höheren Ebenen manifestierte.

Eine Untereinheit des menschlichen Gehirns war das limbische System, das Teile des Zwischenhirns und des Mittelhirns erfaßte und den Gefühlsausdruck steuerte, der die Sehnsüchte nach Dualität und die Träume, die Alpträume werden könnten, manifestieren läßt. Die Vergangenheit, die sich überall und in allen Zeiten befand, wurde auch hier gesteuert. Ein Zentrum für sie gab es nicht, genauso wie es kein Hauptsteuerzentrum für das gesamte Nervensystem gab, weil das Zentrum in jedem einzelnen Neuron zu finden ist. Auch das Lernen wurde keinem Bereich des Gehirns zugeordnet. Es war vertreten im Einzelnen und in der Summe; es wurde mehr als die Summe selbst. Es hieß Licht pur und Bewußtsein.

Das Unbewußte stellte das Dunkle, das Unfiltrierte und das Filtrierte, aber nicht verarbeitete, dar. Das Unfiltrierte befand sich paradoxerweise außen und innen, es mußte sich nun widerspiegeln um verstanden zu werden. Dafür wurde es erst in der Tiefe des limbischen Systems abgelegt, in das universelle Land der unbekannten Möglichkeiten, wo die Träume so lange in der Traumwelt bleiben bis der letzte Vertreter dieser höchsten Bewußtseinebene versteht, daß es eine unendliche Anzahl von Welten gibt, die keine Träume sind.

Maritza

Ein irrational gewordenes Geoneuron oder das Kosmoneuron, das den Namen eines Flusses trug

Es war einmal ein Kosmoneuron, das den Namen eines Flusses trug, nachdem die Dualität Eins wurde. Es entstand während des Urknalls, der Bildung der Galaxien und des Sonnensystems. Es wurde geboren, als Mutter Erde auch geboren wurde. Es manifestierte sich im Maurenkrieg, in der Kolonialzeit, im Urwald, in einer Goldminenregion, in einem armen Stadtviertel. Es enthielt das Ganze und ein Teil des Ganzen mit einer großen Veränderung. Es bestand aus Vergangenheit, Kriegen, Leiden, Liebe, Religion, Moral, Wissenschaft, Einsamkeit, Träumen und Zukunft. Es wuchs in Armut nach der Auflösung der familiären Einheit, es wurde vom Machismo gezeugt. Es wurde gefangen gehalten. Es träumte von Freiheit und aß deswegen die Wände, es starb täglich und flog in andere Welten.

Es war einmal ein Kosmoneuron, das sich selbst Geoneuron nannte, Es wurde im Schutz der Venus auf dem Nest eines Condors geboren, nachdem die Liebe sich in der Dualität manifestierte. Das Geoneuron, das die Spermien des Lebens nach der orgasmischen Vereinigung abgab, hieß Ljudwig, das kriegerische Volk. Dieses Geoneuron war ein Indianer, der sich dem Tod als Ratgeber immer bediente. Das Geoneuron, das die Widerspiegelung von Mutter Erde in einer anderen Dimensionsgröße darstellte und das Ei in sich trug, hieß Balkan.

Als das Geoneuron klein war, wurde Es von einem Vorfahren erzogen, das Oma hieß, als die Vergangenheit sich in der Außenwelt manifestierte. Das Geoneuron, das von dem kindlichen Bewusstsein Oma genannt wurde, war die Tür zur Realität. Es erzählte viel über Ruhm, Gold, Rassismus, Politik, Feuer, Dichter, eine deutsch-französische Klosterschule, wissenschaftliche Expeditionen, Geister, Meerestiere und Sex.

Die wichtigsten Erinnerungen erfassten zwei Katastrophen, die die kleine Küstenstadt zerstörten: einen großen Brand und eine riesige Meereswelle, die nach einem Orgasmus von Mutter Erde entstand und Tsunami hieß. So pendelte das globale Gedächtnis zwischen Feuer und Wasser in einer verlassenen Ecke des Geogehirns.

Jeden Abend trafen sich mehrere Geoneuronen, die die Vergangenheit repräsentierten und ein Teil des Geogedächtnis waren. Sie sprachen über Gott und die Welt. Das Geoneuron, das den Namen eines Flusses bekommen hatte, hörte zu und nahm die westliche und östliche Kultur auf seinem Weg zum ägäischen Meer mit. Der Name des Flusses wurde von Maria abgeleitet, der Jungfrau Maria, der Mutter, der Mutter Erde. Der Stamm des Namens bedeutete, Meer, Mare, Mar, Urmeer, als die Worte den Ursprung der Realität reflektierten.

Eines Tages ging das Geoneuron, das den Namen eines Flusses trug, in das Archiv des Geogedächtnisses ein. Das Archiv hieß Schule, als das Wissen institutionalisiert wurde. Das Geoneuron lernte die kollektive Realität kennen. Es lernte auch andere kleine Geoneuronen, die die Zukunft repräsentieren und die leitende Gegenwart, die sich als Lehrerschaft manifestierte, kennen.

Das Geoneuron verinnerlichte das Geogedächtnis auch, indem es viele Bücher las. Es erfuhr dadurch mehr über das Leben im Meer, als die Zweidimensionalität herrschte. Es erfuhr über den Urknall am Ende der Nulldimensionalität, über griechische Mythologie, orientalische Religionen, Philosophien und Esoterik.

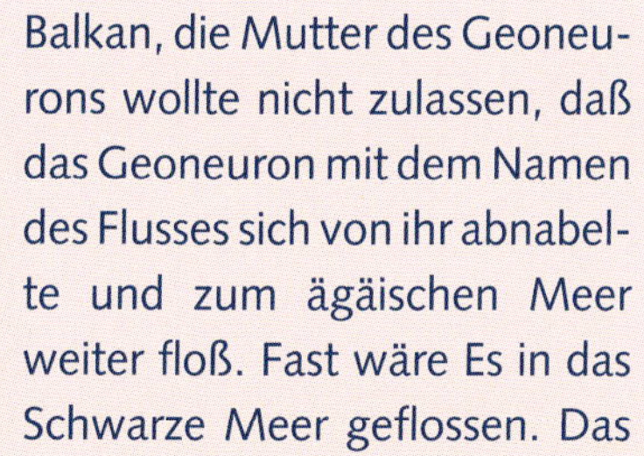

Balkan, die Mutter des Geoneurons wollte nicht zulassen, daß das Geoneuron mit dem Namen des Flusses sich von ihr abnabelte und zum ägäischen Meer weiter floß. Fast wäre Es in das Schwarze Meer geflossen. Das Geoneuron träumte vom Mittelmeer, von der Akropolis und der griechischen Philosophie. Es suchte das Licht. Es rebellierte. Es verdampfte täglich und flog mit den Wolken zu Plato und Sokrates. Es ergoß sich über das Tempel von Athene und traf Aphrodite als Es das ägäische Meer erreichte. Es übernahm deren Namen, als Es feststellte, daß der Geist universal ist und viele Namen hat.

Das Geoneuron suchte weiter nach Freiheit, Wahrheit und dem Ganzen. Sein Geist ging in eine Schule, wo das religiöse Wissen institutionalisiert wurde und flog

Maritza
Juni 2000

zum Himmel, der sich religiös färbte. Es lernte die zweite Illusionswelt kennen: Eine andere Form von Rassismus, die Heuchelei und die Ausläufer der Inquisition. Das Geoneuron mußte schweigen oder in die Hölle gehen. Der Geist wurde wieder gefangen genommen.

Der Druck in der Nulldimensionalität eines dunklen Zimmers wurde zu groß. Es wurde viel zu viel aufgenommen und nicht reflektiert. Das Zimmer war ein dunkler Punkt in der sozialen Welt, der durch die Armut bewegungslos wurde. Das Geoneuron brach das Schweigen und wurde in die Hölle geschickt.

Daraus wurde der Materialismus geboren. Es kam zu einem Urknall. Die Materie brach aus, nahm Form, wuchs. Es verband sich mit dem Geist und flog weit weg; es wurde danach flüssig und floß erst in die dunkle Unterwelt der Höhlen und später in den Abgrund des Meeres.

Dort verband sich das rationale Geoneuron mit anderen rationalen Geoneuronen, die Halluzinationen in der Unterwelt verkauften. Es beobachtet die Hölle. Es sah die tägliche Todesgefahr. Es sah die Monster der Tiefe, die keine Illusion waren.

Tod und Geburt gingen Hand in Hand. Das Geoneuron, das ein Kosmoneuron war, gebar im Zeichen Krebs ein anderes Kosmoneuron, das Jakob hieß, so hieß auch das auserwählte Volk, als das Wasser des Flusses das andere Ufer erreichte. Aus der Unterwelt flüchteten sie zusammen in die alte Welt, wo der Adler sein Nest hatte. Ein Leiter der Gegenwart erschien, um sie zu retten. Die Rettung wurde institutionalisiert und hieß Ehe, als die dritte Illusionswelt Familie genannt wurde. Zwei Geoneuronen verbanden sich durch die Institution und träumten zusammen davon, sich von Institutionen zu befreien. Sie flogen mit Jakob zum Land der Sonnengötter. Das Geoneuron, das das Archiv des Geogedächtnisses leitete, lehrte Geoneuronen mit anderssprechenden Geoneuronen zu kommunizieren, nachdem für das Wort von der Institution bezahlt wurde. Das Geoneuron mit dem Namen des Flusses verinnerlichte das Wissen des Geogedächtnisses in der Institution Universität, als das Bewußtsein sich biologisch manifestierte.

Im Land der Sonnengötter suchte das Geoneuron dieser Geschichte weiter nach dem Wissen, als Es indianisch war. Es lernte seine indianische Vergangenheit ausleben und ging zum Schoß der Mutter Erde in die Tiefe, zur Pachamama hin, als das Bewußtsein die Dreidimensionalität wahrnehmen konnte und diese sich geologisch manifestierte. Die Gegenwart dagegen zeigte das indianische Leiden, der leuchtende Pfad war ein mit Tod und Gewalt gepflasterter Pfad. Die Vergangenheit wurde durch einige mächtige rationale Geoneuronen verdrängt. Die Freiheit blieb ein Traum.

Die vierte Illusionswelt, die Welt der Revolution für Freiheit und Gleichheit, die indianischen Mythen, die Wüste, die zweihundert Jahre alten Indianer, die Ufos und die Orgasmen von Pachamama mußten zurückgelassen werden.

Die drei Geoneuronen flogen wieder zum Nest des Adlers in die alte klassische Welt zurück. Das Geoneuron, das den Namen eines Flusses trug, träumte immer noch von der Tiefe, von Magma und von den lustvollen Erschütterungen der Mutter Erde. Es blieb trotzdem biologisch.

Die dritte Illusionswelt, die Institution Ehe wurde irgendwann beendet. Es wurde Zeit für die freie Sexualität. Das Geoneuron mit dem Namen des Flusses lernte ein anderes Geoneuron kennen, das der Heiler genannt wurde. Als die unbearbeitete schmerzvolle Kindheit sich manifestierte, liebten sie sich. Sie unternahmen eine Reise in das Unterbewußtsein und träumten vom Ende der Dualität. Sie stießen zusammen und erschufen durch ihre orgasmische Vereinigung die fünfte Illusionswelt, die Welt der Träume, die Welt der Liebe, die grenzenlose Welt.

Das Geoneuron mit dem Namen des Flusses umrundete auf seinen Lebensweg den Leuchtturm des Mittelmeers. Es war ein prächtiger Feuerberg, der aus der Zweidimensionalität des Meeres herausragte, ein Traum von Hollywood. Es war auch ein Traum des Heilers, ein Leuchturmwärter dort zu sein. Er nahm das Geoneuron dieser Geschichte mit hin und zeigte ihm das Licht, das aus der Tiefe strömte und zur Materie wurde. Das Licht hieß Magma, als das Bewußtsein noch tiefer ging. Dort befand sich nicht nur das Licht der Erkenntnis und der Erleuchtung, sondern auch der Tod, der lauerte. Aber die Warnzeichen wurden nicht wahrgenommen.

Allmählich zeigten sie die Geister der Unterwelt. Der Traum wurde zu einem Alptraum für die Liebenden. Ein Geist hieß Kirche. Sie verhinderte die orgasmische Vereinigung, die Welten erschafft, weil diese Welten die religiöse Welt zerstören können. Der Heiler lernte die Grenzen zwischen der Traum- und der Alltäglichenwelt erkennen, er übernahm den Namen Hades, der Herr der Unterwelt; er verliebte sich in Persephone oder Proserpina, und entschied sich für diese Traumwelt. Sie, Persephone ging ein Drittel des Jahres immer wieder zu ihm hin und wurde die Göttin der Unterwelt.

Das Geoneuron mit dem Namen des Flusses übernahm den Namen Demeter und ging aus Kummer freiwillig wieder zu der eigenen Hölle, die Erebus hieß und mischte sich mit dem Fluß des Todes, dem Grenzfluß Styx. Es spürte zum dritten Mal die Tiefe, die dritte Dimension. Es löste sich auf; Es erkannte im Gegenzug zum Heiler, daß es in der Traumwelt keine Grenzen gibt. Es versank in den Tartarus. Es vereinigte sich mit dem Universum. Es starb.
Es war gleichzeitig das Ende der Wissenschaft, die sich biologisch zeigte. Das auf einmal irrational gewordene Geoneuron verließ die Institution des Wissens. Es erkannte die Grenzen des rationalen Sehens, als die Wissenschaft elektronenmikroskopisch wurde, nachdem Es Krebse anatomisch untersuchte. Von der Zweidimensionalität einer flachen Probe, lernte Es, sich wissenschaftlich die Dreidimensionalität vorzustellen.
Der geistige Tod des Geoneurons zeigte das Versagen der Rationalität. Endlich wußte Es, daß Es bis dahin Nichts wußte. Der Geist zerteilte sich, das Ich starb. Es löste sich in unendlich kleine Teile, die wie Regentropfen sich aufs Meer und auf die Mutter Erde ergossen. Jedes Teil seines Selbst wurde sich seiner selbst bewußt.
In diesem Zustand nahm Es das Ganze wahr. Die multidimensionale Realität manifestierte sich wieder. Die Grenzen wurden überschritten. Eine neue Bewußtseinebene wurde erreicht. Das gestorbene Geoneuron war erleuchtet.
Das Geoneuron, das kein rationales Geoneuron mehr war, erlebte einen erhöhten Synchronisationszustand mit dem Universum, Es bewegte sich gleichzeitig mit den Wellen der Realität, Es spürte jede Vibration des Kosmos. Die vierte Dimension, Vergangenheit, Gegenwart und Zukunft wurden offenbart. Es war ein Zustand der erweiterten Wahrnehmung. Die Realität wurde nicht mehr filtriert. Das Geoneuron sah das Gehirn der Pachamama. Sie nahm Es in ihrem Schoß, damit das Geoneuron mit dem Namen des Flusses sich wieder aufsammelte. Es wurde wiedergeboren. Pachamama gab ihm den gleichen Namen, nachdem die Realität sich in der Ursprache, der Sprache der Symbole manifestierte.
Auch Jakob starb; das Geoneuron, das im Zeichen des Krebses geboren wurde und das rationalste auserwählte Computervolk repräsentierte, flog in den Computerhimmel. Es blieb dort und leistete seinen eigenen Beitrag zum globalen Bewußtsein für die Bildung der neuen Welt.

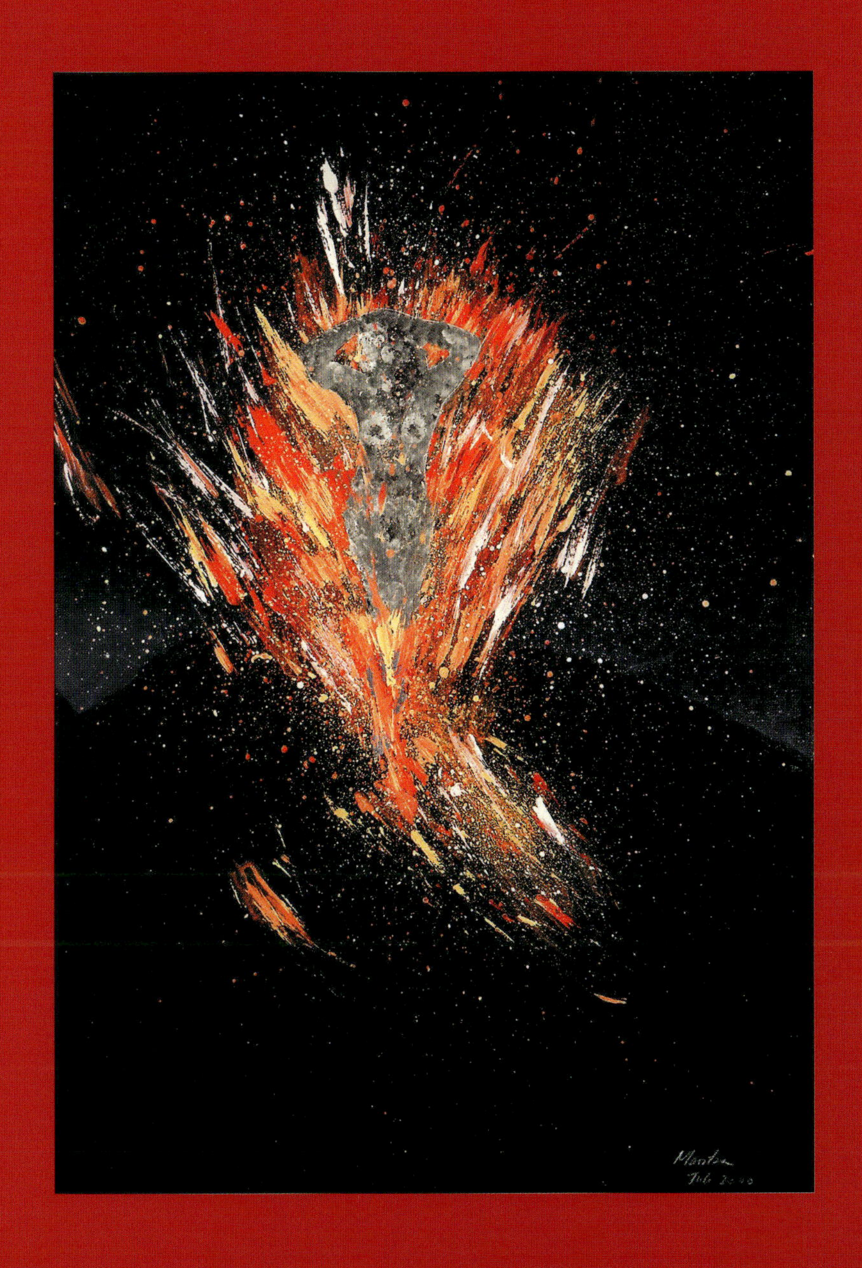

Wiedergeburt des Geoneurons

Es war einmal ein Geoneuron, das in einer neuen Bewußtseinebene wiedergeboren wurde. Es enthielt ein Zentrum, eine Seele, Energie pur und als Materie, einen Körper. Es enthielt das Ganze und ein Teil des Ganzen, mit einer großen Veränderung. Es lebte in einem bestimmten Raum und zu einer bestimmten Zeit. Trotzdem enthielt es auch die Vergangenheit und die Zukunft in sich.

Das Geoneuron, das sich selbst als Kosmoneuron erkannte, erlebte Dunkelheit und Licht, Leben und Tod, Ideen und Worte. Es enthielt Bewußtsein und Milliarden von mikroskopischen Kosmoneuronen, sowie eine infinite Anzahl von Dimensionenebenen. Es war ein unendlich kleiner Punkt, als die unbewegliche Nulldimensionalität herrschte und es war ein unendlicher kleiner Punkt als die Multidimensionalität sich manifestierte.

Es war ein infiniter kleiner Punkt, der Geoneuron hieß. Es lebte im Scheitelpunkt zwischen Vergangenheit und Zukunft, es lebte in der Gegenwart. Es besaß einen Körper, der aus den Atomen von alten Sternen, Kometen- und Planetenresten, Ozeanen, Bergen, Wolken, Tieren, Pflanzen, Steinen und anderen Geoneuronen bestand.

Es war ein infiniter kleiner Punkt, der Mensch hieß und einen Geist besaß, der aus den Ideen und den Gefühlen von einem globalen Gehirn, das Geogehirn genannt wurde, bestand. Es hieß Geoneuron als die Mutter-Erde ihm einen Namen gab, nachdem die Realität sich offenbarte.

Es waren viele Kosmoneuronen, die die Mutter Erde sah, als sie sich in einem unendlichen großen Spiegel, der Leben hieß, anschaute, weil sie sich wahrnehmen konnte. Diese Kosmoneuronen wurden von ihr Newton, Galileo Galilei, Gandhi, Plato, Maria, Joseph, Peter, Mohammed, Teresa genannt, nachdem das Wort Fleisch wurde. Es waren ihre Kinder, die sie sah, als sie sich in einem Spiegel, der dreidimensionale Realität hieß, anschaute.

Das Geoneuron mit dem alten Namen des Flusses trug in seinem Flußbett das Ganze und einen Teil des Ganzen. Dieses Teil hieß Baum der Erkenntnis. Aus dem Baumstamm wurden weiße Blätter hergestellt, für das Wort, das sich in ein Buch materialisierte und der Baum trug eine einzige Frucht...

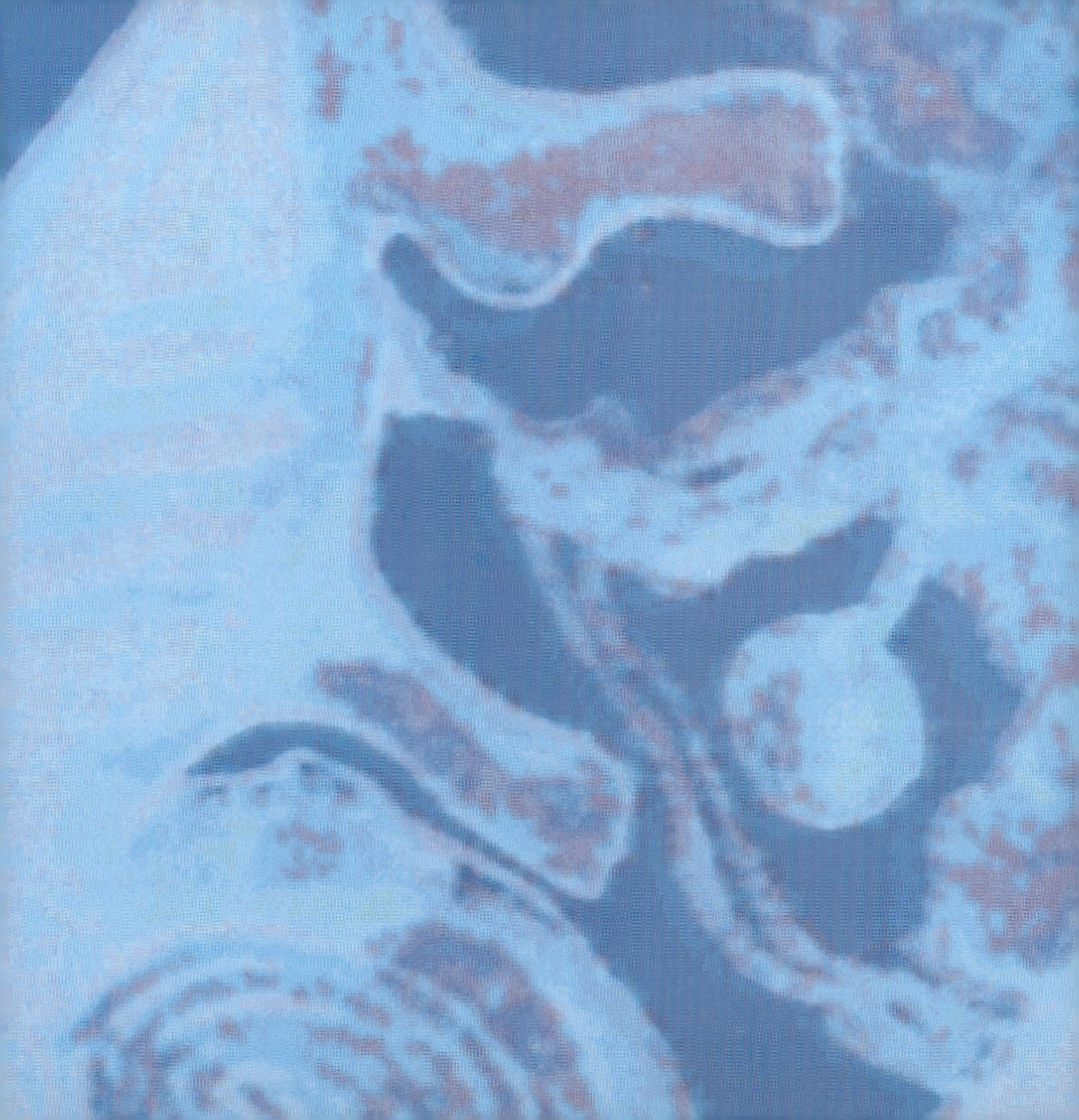

Anhang

Glossar

Altmünder oder Protostomier:	Tiere, bei denen während der Entwicklung des befruchteten Eis, der Urmund als Mund bestehend bleibt und der After neu gebildet wird. Die meisten wirbellosen Tiere gehören zu den Altmündern.
Animalisch:	tierisch
Anti-Welt:	Welt, die aus Anti-Materie besteht.
Anthrogehirn:	erfundener Name für das Gehirn des Menschen.
Archaebakterien:	ganz urtümliche Bakterien, die ohne Sauerstoff leben.
Asteroiden:	Himmelskörper, die sich zwischen Mars und Jupiter befinden und einen Gürtel um den inneren Planeten Mars, Erde, Venus und Merkur bilden.
Axon:	ein Fortsatz einer Nervenzelle, der die Funktion hat die Erregung innerhalb einer Nervenzelle, dem sogenannten Neuron, an andere Nervenzellen weiter zu leiten.
Cerebrospinalflüssigkeit:	Flüssigkeit, die das Gehirn schützt und ihm mit Nährstoffen versorgt.
Chemobiotisch:	es bezieht sich sowohl auf chemische, als auch auf biologische Vorgänge; in diesem Fall, Vorgänge, die innerhalb einer Lebensgemeinschaft stattfindet.
Chorda:	der Vorläufer der Wirbelsäule.
Corpus Callosum:	(Schwielenkörper) Balken, der beide Hemisphären (Teile) im Großhirn verbindet.
Kosmoneuron:	erfundener Name für eine universelle Nervenzelle in einem universellen Gehirn oder Kosmogehirn.
Darwinistisch:	es bezieht sich auf Darwin und seine Theorie der Evolution.
Dendriten:	kleine Fortsätze einer Nervenzelle, die die Funktion haben, die ausgegangene Erregung aus einem Axon zu empfangen.
Desmosomen:	Kontaktstellen zwischen den tierischen Zellen aus Eiweißsträngen.
Diffundieren:	das gegenseitige Durchdringen von Gasen oder Flüssigkeiten.

Diffus:	verschwommen, unklar
DNA:	Desoxyribonukleinsäure, die Bestandteil der Chromosomen ist, und die die Erbinformation trägt.
Dualität:	Zweiheit
Dura Mater:	harte Mutter: die harte äußere Membran, die das Gehirn schützt.
Ektoderm:	äußere Schicht eines befruchteten Eis.
Endoderm:	innere Schicht eines befruchteten Eis.
Energiepartikel:	energetisches Elementarteilchen der Materie.
Es:	nach Freud das Unbewußte. Hier im Buch, das irrational gewordene Kosmoneuron, aber auch das Ich der Erde.
Eukaryot:	Zelle mit einem Kern.
Facette:	die geschliffene Fläche eines Edelsteines,hier Aspekt (Ansicht) einer Sache.
Fixieren:	befestigen.
Formieren:	bilden.
Fraktal:	geometrisches Gebilde, das sich unendlich oft selbst in anderen Größen enthält.
Frontal:	bezogen auf die Vordererseite eines Körpers.
Funktionell:	was sich auf eine Funktion oder Wirkungsweise bezieht.
Galaxis:	ein Sternsystem.
Geleitzelle:	Zellen im Gehirn, die die Nervenzellen schützen.
Geoganglien:	erfundener Name für Lebensgemeinschaften im Meer; in der Neurobiologie sind Ganglien Ansammlungen von Nervenzellen außerhalb des zentralen Nervensystems.
Geogehirn:	erfundener Name für das Gehirn der Erde.
Geoneuron:	erfundener Name für eine Nervenzelle aus dem Nervensystem der Erde. Ein Geoneuron kann eine Pflanze, ein Tier oder ein Mensch sein.
Geozelle:	eine Zelle des Organismus Erde.
Hemisphäre:	in der Neurobiologie die eine Hälfte des Groß- bzw. des Kleinhirns.
Institutionalisieren:	in den Rahmen einer gesellschaftlichen Einrichtung einbringen.
Kalziumkarbonat:	chemische Verbindung aus Kalzium, Sauerstoff und Kohlenstoff. Hauptbestandteil von Kreide.
Kollektiv:	gemeinschaftlich.

Kolloidzustand:	Zähflüssiger Zustand der Materie.
Kompakt:	dicht, konzentriert.
Komplex:	vielfältig verflochten.
Konfrontieren:	gegenüberstellen
Konvektionstrom:	Strom im Erdinneren.
Linearität:	Geradlinigkeit.
Luna:	Mond.
Lymphe:	Gewebsflüssigkeit.
Magma:	durch höhere Temperaturen im Erdinneren geschmolzenes Gestein.
Makro:	groß, lang.
Makromitochondrium:	in diesem Buch der Planet Jupiter; der einzige Planet, in dem, so wie in der Sonne, atomare Reaktionen stattfinden. In der Biologie ist ein Mitochondrium ein Zellgebilde, das als „Kraftwerk der Zelle" bezeichnet wird.
Makrophage:	Einzeller oder Zellen innerhalb eines Organismus, die in der Lage sind andere Zellen zu sich zu nehmen und „verdauen".
Mediator:	Vermittler.
Mesoderm:	mittlere Schicht eines befruchteten Eis.
Neumünder oder Deutorostomier:	Tiere, bei denen während der Entwicklung des befruchteten Eis, der Urmund zum After wird und der Mund neu gebildet wird. Einige hoch entwickelte Wirbellose und alle Wirbeltiere gehören zu den Neumündern.
Neurologisch:	was sich auf das Nervensystem bezieht.
Nirwana:	Endzustand, Erlösungszustand unter den Buddhisten.
Nomade:	Angehöriger eines Wandervolkes.
Nulldimensionalität:	Dimension, in der weder Raum noch Zeit existieren.
Pachamama:	unter indianischen Völkern in Südamerika die Mutter Erde.
Pia Mater:	weiche Mutter. Die innerste weiche Schicht, die das Gehirn schützt.
Physiologie:	Lehre von den funktionellen Lebensvorgängen in einem Organismus
Prokaryot:	einzellige Lebewesen.
Quastenflosser:	Fische, aus denen wahrscheinlich die Landtiere entstanden sind.
Reproduktiv:	Was sich auf die Fortpflanzung bezieht.
RNA:	Ribonukleinsäure. Ein Molekül, das die Information aus der DNA überträgt für die Bildung der Proteine.

Rückkopplungsprozeß:	Prozeß mit einer Rückwirkung auf die antreibende Kraft.
Satellit:	Himmelskörper, die um die Planeten kreisen.
Synchronisation:	zeitliche Übereinstimmung zweier verschiedener Ereignisse oder Prozesse.
Strickleitersystem:	Das Nervensystem der Gliedertiere.
Transzendental:	was die Grenzen des rationalen Denkens überschreitet.
Vegetativ:	pflanzlich; in medizinischen Sinn, ein Teil des Nervensystems.

Bedeutung der Symbole

Aphrodite:	Venus.
Athene:	Göttin der Weisheit.
Balkan:	Blanca
Maritza:	Fluß, der in der balkanischen Halbinsel entsteht. Es ergießt sich über Bulgarien, Griechenland und der Türkei, bevor es das ägäische Meer erreicht.
Heiler:	Arzt
Institution des Wissens:	Universität:
Jakob:	Israel. Spanisch: Diego
Land der Sonnengötter:	Peru
Leiter der Gegenwart:	Lehrer
Leuchtturm des Mittelmeers:	Stromboli, eine von den liparischen Inseln in Italien aus vulkanischem Ursprung.
Ljudwig:	Spanisch: Luis
Nest des vernichtenden Adlers:	Deutschland
Orgasmen von Pachamama:	Erdbeben
Hades:	Herr der Unterwelt

Hypothesen

Mehrere wissenschaftlichen Thesen sind mehr oder weniger versteckt in der Erzählung vorhanden. Die wichtigsten sind:

In der Astronomie:
Mars war ursprünglich viel größer als die Erde. Durch die explosive Zerstörung eines Planeten, der sich zwischen Mars und Jupiter befand und den ich als Diomedes bezeichne, verlor Mars an Masse. Was wir heute vom den roten Planeten sehen, sind sein Kern und der Rest der Masse, die den Kern aus Eisen umgab. Aus diesem Grund ist Mars rot. Auf Mars ist mikrobielles Leben vorhanden. Die Lage des Planeten innerhalb des Sonnensystems, gab mir Anlaß für diese These. Von außen nach innen im Sonnensystem herrschen die Zustände gasförmig, flüssig und fest. Mars erlebte den Endzustand des Flüssigen, den Wasserzustand. Deswegen ist auf Mars immer noch viel Wasser in Form von Eis vorhanden. Die Erde hat diese Stufe überschritten und befindet sich dazwischen, zum Festen hinaus. Im Allgemeinen aber herrscht im Sonnensystem der gasflüssige Zustand. Nur die inneren kleineren Planeten sind fester.
Pluto war ein Gasplanet. Er verlor, wie Mars auch, nach einem Zusammenstoß zwischen den beiden Außenplaneten an Masse. Der Grund dieser Annahme ist der gleiche, wie bei Mars.

In der Biologie:
Für die Entstehung und die dazugehörige Entwicklung des Lebens ist die Dualität eine Voraussetzung. Es gibt zwar asexuelle Vermehrung, aber auf der höchsten Stufe des Wasserzustandes, ist es notwendig für eine Eizelle, daß „Etwas" von außerhalb kommt, um den Prozeß des Lebens im Gang zu bringen. So brauchte die Erde den Anstoß von außen, in Form von einem oder mehreren Kometen.
Kometen sind die Boten des Lebens. Sie enthalten die Viren, die gut geschützt und eingepackt im Eis transportiert werden, um das Leben im Gang zu setzen. Damit will ich auch sagen, daß alle ursprünglichen Viren außerirdisch sind, und daß Viren nicht nur den Tod bringen, sondern auch, daß sie auch das Leben ermöglichen, weil sie die andere notwendige Hälfte für die Befruchtung eines Planeten darstellen.
Leben ist die Regel im Universum. Durch das Gesetz der Synchronizität entsteht bei jeder menschlichen Befruchtung Leben auf einem Planeten in diesem Universum.

In der Neurobiologie:

Bewußtsein ist die reflektorische Eigenschaft der Realität und existiert unabhängig vom menschlichen Gehirn.

Wir selbst befinden uns zwischen zwei Dimensionen: der zweiten Dimension, der Dimension des Flüssigen, da das Flüssige die Fläche sucht und der dritten Dimension, der Dimension des Festen, die die Höhe oder die Tiefe noch zusätzlich einschließt. Wenn ich sage, daß wir uns dazwischen befinden, bedeutet das auch, daß unser Gehirn sich in einem Zwischenzustand zwischen zwei Dimensionen befindet, und entsprechend arbeitet.

Das Geogehirn funktioniert so wie unser Gehirn, wie es das Gesetz der Synchronizität bestimmt.

Das Geogehirn und das Anthrogehirn sind selbstorganisierende Systeme.

Das sogenannte Kleinhirn, war ein selbständig funktionierendes Gehirn. Es wurde später in das neue Gehirn integriert.

Neuronen bewegen sich innerhalb des Gehirns ständig und liegen lange Strecken zurück. Es gibt nicht nur eine chemische und eine elektrische Übertragung der Information, sondern auch eine physikalische.

Danksagung

Auf meinen Lebensweg traf ich viele Menschen, von denen ich irgend etwas gelernt habe oder Menschen, die mir geholfen haben, weiter zu kommen. Sie ermöglichten, daß ich so nah an mein letztes Ziel heranrücke: an die ersehnte Freiheit. Ich bin ihnen ewig dankbar dafür. Aber ohne die Erfüllung der Aufgabe, dieses Buch zu schreiben, wäre ich immer noch weit von meinem Ziel entfernt. Einige nahestehende Repräsentanten von universellen Archetypen hatten einen besonderen Beitrag dafür geleistet.

Dank an Jakob oder Iakchos, meinen geliebten Sohn. Ich konnte ihm kein besseres Leben anbieten, und er war sehr geduldig.

Dank an meine Oma, Hekate, die alte Göttin der Unterwelt. Sie versprach, mir den Zustand nach dem Tod zu zeigen und sie hielt ihr Versprechen. In ihrem letzten Leben trug sie einen engelhaften Namen.

Dank an die große Mutter Mu-Sala, sie, die Mutter mit den tausend Namen. Manchmal hieß sie Demeter, aber auch Balkan. Aus ihrem Schoß bin ich entstanden. Ihre Selbstaufopferung ermöglichte mir, das feste institutionalisierte Wissen zu verinnerlichen.

Dank an meinen Vater, den stolzen Indianer, der mir nicht nur das Leben, sondern auch den Namen Maritza gab.

Dank an den Herrn der Unterwelt, Hades. Er schenkte mir das Licht der Erkenntnis und gab mir außerdem nicht nur einen kleinen Kern, sondern auch den süßen Saft eines Granatapfels. Sein zweiter Name ist unaussprechlich.

Dank an Jasion, meinen ersten Mann. Ohne ihn hätte ich den Adler des Todes nicht gesehen.

Dank an Gorogo. Als Kapitän eines Schiffes rettete er mich aus den Gewässern der Emotionen und heilte meine Wunden,

nachdem ich in der Tiefe war. Sein 2. Name ist Heros.
Dank an meinen lieben Freund mit dem Namen eines dänischen Nationalhelden. Er gab mir gute Ratschläge für dieses Buch.
Dank an meinen anderen lieben Freund mit dem biblischen Namen aus der Offenbarung. Er wurde gesandt, um die praktischen Dinge in Verbindung mit diesem Buch zu lösen.
Dank an den Repräsentanten der Wissenschaft für das Vorwort. Er hat nicht nur den wissenschaftlichen Überblick, er kann auch in die Herzen vieler Menschen sehen.

Tausend Dank an meine Verlegerin, die Frau mit dem Namen und der Verletzlichkeit einer Blume.

Amarive

Bildliste

Bilder von Maritza Bensien

Das Gedicht ist entnommen aus: „Das Feuer von innen" S. 130, Carlos Castaneda

Impressum

Es war einmal ein Kosmoneuron

Die Deutsche Bibliothek – CIP-Einheitsaufnahme
Ein Titeldatensatz ist bei der Deutschen Bibliothek erhältlich

ISBN 3-935141-06-8

Oldenburger Straße 233, 26180 Rastede
E-mail: lektorat@mediumbau.de; http://www.mediumbau.de

Lektorat: U. Landwehr-Heldt
Bilder: Maritza Bensien
Künstlerische Gestaltung: Renate und Georg Lehmacher
Satz: Büro Georg Lehmacher
Druck: Uhl, Radolfzell